# 建筑与市政工程施工现场临时用电图解

JIANZHU YU SHIZHENG GONGCHENG SHIGONG XIANCHANG LINSHI YONGDIAN TUJIE

郎志坚　代舍冷　主编

肖启峰　陈　君　主审

U0333222

中国计划出版社

·北　京·

**版权所有　侵权必究**
本书封面贴有中国计划出版社专用防伪标，否则为盗版书。请读者注意鉴别、监督！
侵权举报电话：（010）63906404
如有印装质量问题，请寄本社出版部调换（010）63906420

**图书在版编目（CIP）数据**

建筑与市政工程施工现场临时用电图解 / 郎志坚，代舍冷主编. -- 北京 : 中国计划出版社，2024.11
ISBN 978-7-5182-1672-7

Ⅰ. ①建… Ⅱ. ①郎… ②代… Ⅲ. ①建筑工程－施工现场－用电管理－图解 Ⅳ. ①TU731.3-64

中国国家版本馆CIP数据核字(2024)第030010号

策划编辑：沈　建　周　娜
责任编辑：沈　建　　　　　　封面设计：韩可斌

中国计划出版社出版发行
网址：www. jhpress. com
地址：北京市西城区木樨地北里甲11号国宏大厦C座4层
邮政编码：100038　电话：（010）63906433（发行部）
北京厚诚则铭印刷科技有限公司印刷

880mm×1230mm　1/16　7.25印张　122千字
2024年11月第1版　2024年11月第1次印刷

定价：68.00元

# 本书编委会及编写人员


**主　　审：** 肖启峰　陈　君

**主　　编：** 郎志坚　代舍冷

**副 主 编：** 郑　重　董秋实　李永亮　邢风红

**编委会委员：** 田永宾　任维军　魏凤琪　樊　锐　齐文明　于　勇　潘　猛　黄　杰　李　鹏　钱宝音达莱　江春凯　康榕升　赵永杰　李　明　白雪松　刘　颖　高　原　李　杰　张　旭　欧阳东杰

**编写人员：** 王雪峰　勾亚军　曹　阳　马　良　金　亮　王　奇　逄佳军　马长友　郎晏榕　曹　磊　温利君　许　峰　杨　凯　唐　忠　夏继则　李元媛　孙士博　郭海明　陈　迪　郭连巍　李　鹏　李　洋　李　赫　包雪峰　宋禹曈　赵金龙　秋　实　金　武　王守瑜　孙　涛　高　晶　刘　赫　李洪伟　李新元　罗朝阳　图日古拉　李　峰　李勇搏　刘　志　潘　康　王　虎　鲍艳玲　王洪武　张立国　韩青格勒图

# 前　　言

随着建筑与市政工程施工体量的不断增大，结构形式越来越复杂，施工现场临时用电的负荷不断加大。临时用电技术要求越来越高，遇到的问题也越来越多。建筑施工临时用电是建筑施工安全的重要管控项目，深入理解和运用规范标准，从源头达到安全生产，是施工现场建设、施工、监理单位工程技术人员及政府监督人员所必须掌握的一门技术。目前，新版《建筑与市政工程施工现场临时用电安全技术标准》JGJ/T 46—2024已经出台，为了更好地使大家读懂和正确理解新标准，特编写了《建筑与市政工程施工现场临时用电图解》一书。本图解共有13章。前11章主要是针对新标准进行详细地图文解说。通过阅读前11章可以快速地学会新标准的相关安全技术要求。做到深入浅出、通俗易懂。同时还在相关重要章节中配备了相关表格，通过查询表格可以不用计算直接获得变压器额定电流、线路所能承受负荷、电器参数等重要数据。这些重要数据可以直接用于实际工作中。在第12章和第13章中，主要用最简单的方法示范举例临时用电施工组织设计和防雷滚球半径计算，通过举例，让不会用电负荷计算的人很快学会计算，不会套用公式的通过本图解很快学会公式计算法。本图解是在新标准的基础上进行了电学方面的知识扩展，有效地解决了施工现场遇到的各项难题，是一本专业性较强又能让大众读懂的书籍。

# 目 录

# 1 一般规定

施工现场临时用电工程专用的电源中性点直接接地的220/380V三相四线制低压电力系统，应符合下列规定：

（1）应采用三级配电系统；

（2）应采用TN-S系统；

（3）应采用二级剩余电流动作保护系统。

配电系统应设置总配电箱、分配电箱、开关箱三级配电装置，实行三级配电。

配电系统宜使三相负荷平衡。220V或380V单相用电设备宜接入220/380V三相四线系统，单相照明线路宜采用220/380V三相四线制单相供电。

# 2　TN–S 系统

## 2.1　专用变压器供电

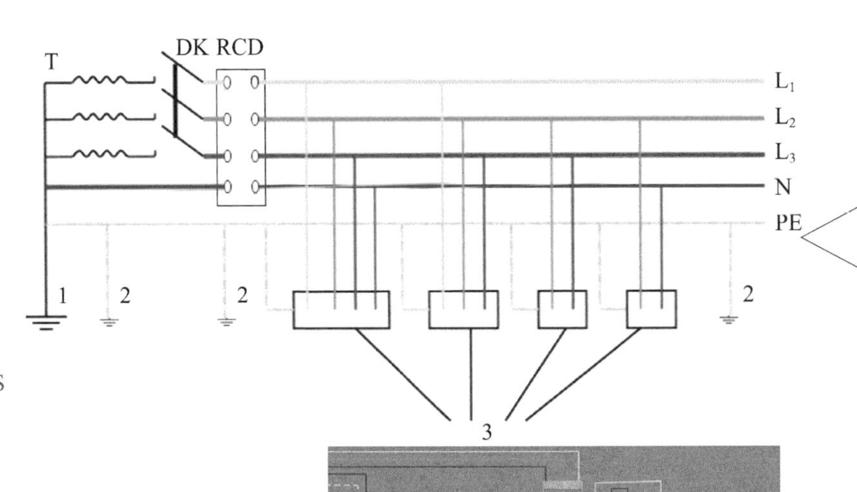


图 2–1　专用变压器供电时 TN–S 接零保护系统示意图

$L_1$、$L_2$、$L_3$ 为相导体；N 为中性导体；PE 为保护接地导体；DK 为总剩余电流保护器；RCD 为总剩余电流动作保护器（兼有短路、过负荷、剩余电流保护功能的剩余电流动作断路器）。TN–S 总配电箱配线见配电箱进线及各分路配线图。

施工现场专用变压器供电的 TN–S 系统中，电气设备的金属外壳应与保护接地导体（PE）连接。保护接地导体（PE）应由工作接地、配电室（总配电箱）电源侧中性导体（N）处引出。

专用变压器供电时 TN–S 保护系统总配电箱配线见配电箱进线及各分路配线图。

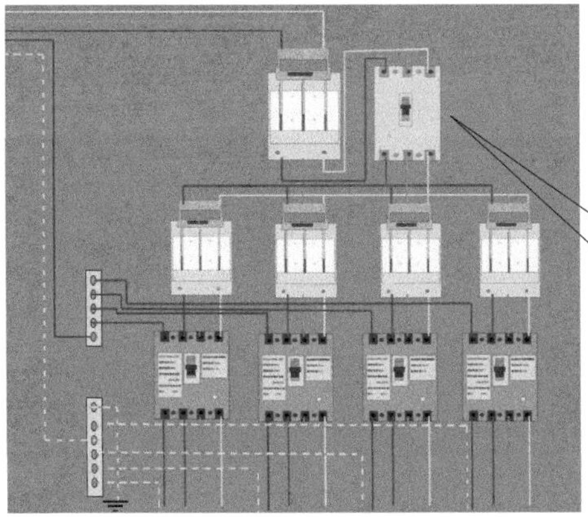

图 2–2　配电箱进线及各分路配线图

## 2.2 三相四线供电

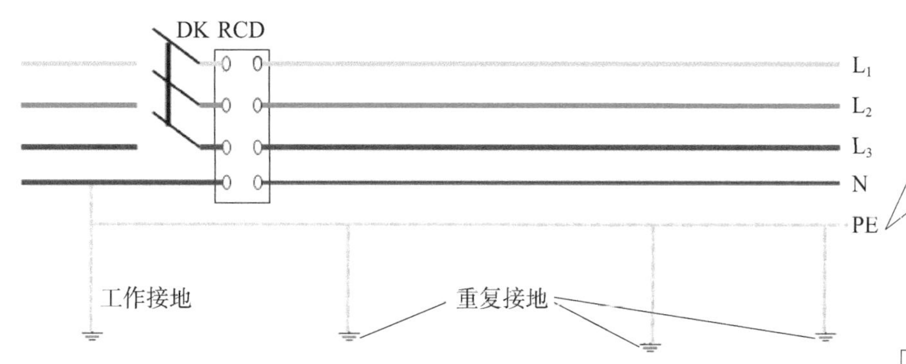


图 2-3 三相四线供电局部 TN-S 系统示意图

N为中性导体；PE为保护接地导体；$L_1$、$L_2$、$L_3$为相线；DK为总电源隔离开关；RCD为总剩余电流动作保护器（兼有短路、过载、剩余电流保护功能的剩余电流断路器。局部TN-S总配电箱配线见配电箱进线及各分路配线图。

当施工现场与外电线路共用同一供电系统时，电气设备的接地应与原系统保持一致。在TN系统中，通过总剩余电流动作保护器的中性导体（N）与保护接地导体（PE）质检不得再做电气连接。在TN系统中，保护接地导体（PE）与中性导体（N）分开敷设。PE接地必须与保护接地导体（PE）相连接，严禁与中性导体（N）相连接。当 次侧由50V及以下电压的安全隔离变压器，二次侧不得接地，并应将二次侧线路用绝缘管保护或采用橡皮护套软线。当采用普通嗝离变压器时，其二次侧一端应接地；且变压器正常不带电的外露可导电部分应与一次侧回路保护接地导体（PE）做电气连接。隔离变压器尚应采取防治直接接触带电体的保护措施。

三相四线供电时TN-C-S接零保护系统总配电箱配线见配电箱进线及各分路配线图。

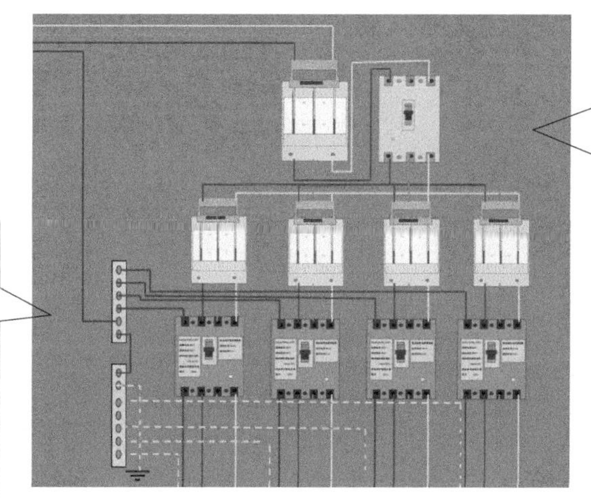

图 2-4 配电箱进线及各分路配线图

## 2.3 配电箱、开关箱内的连接线绝缘层颜色

导体绝缘层颜色标识必须符合下列规定：导体$L_1$（A）、$L_2$（B）、$L_3$（C）相序的绝缘层颜色依次为黄、绿、红色；中性导体（N）的绝缘层颜色应为淡蓝色；保护接地导体（PE）的绝缘层颜色应为绿/黄组合色。上述绝缘层颜色标识严禁混用和互相代用。

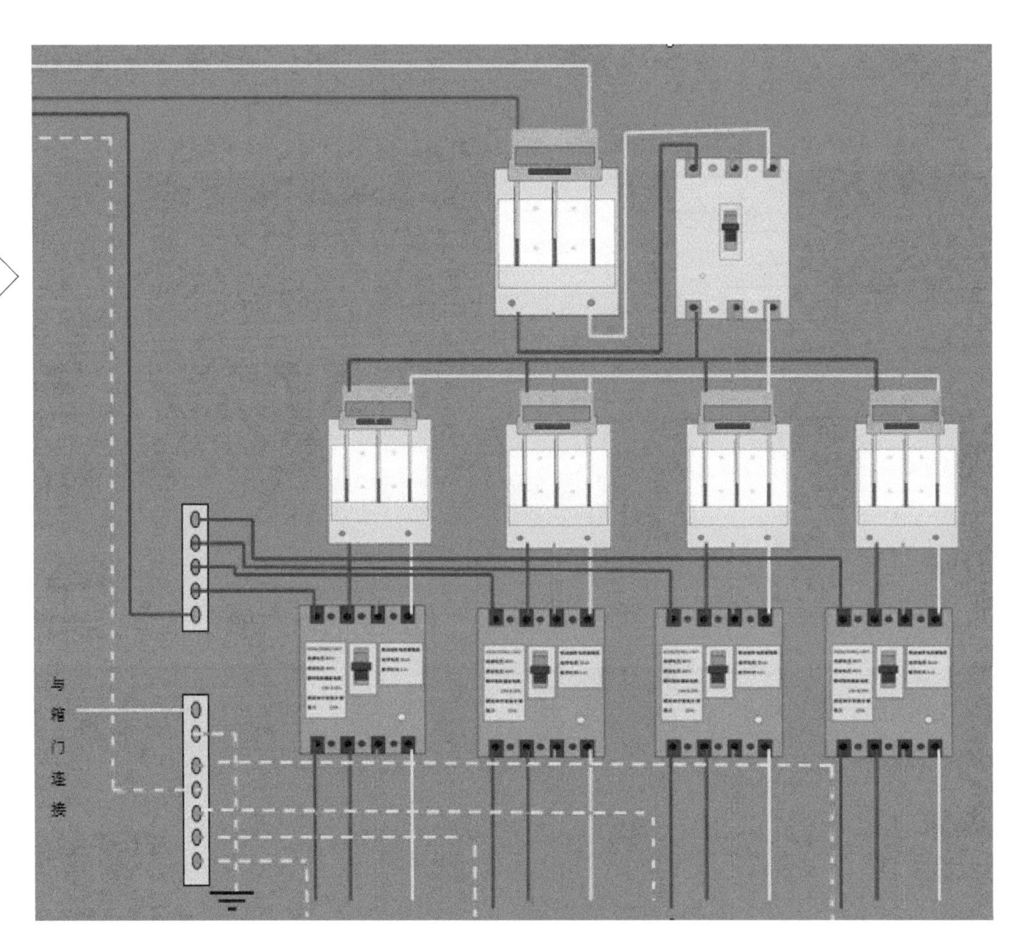


图 2-5 连接线绝缘层颜色

## 2.4 TN-C保护接零触电演示

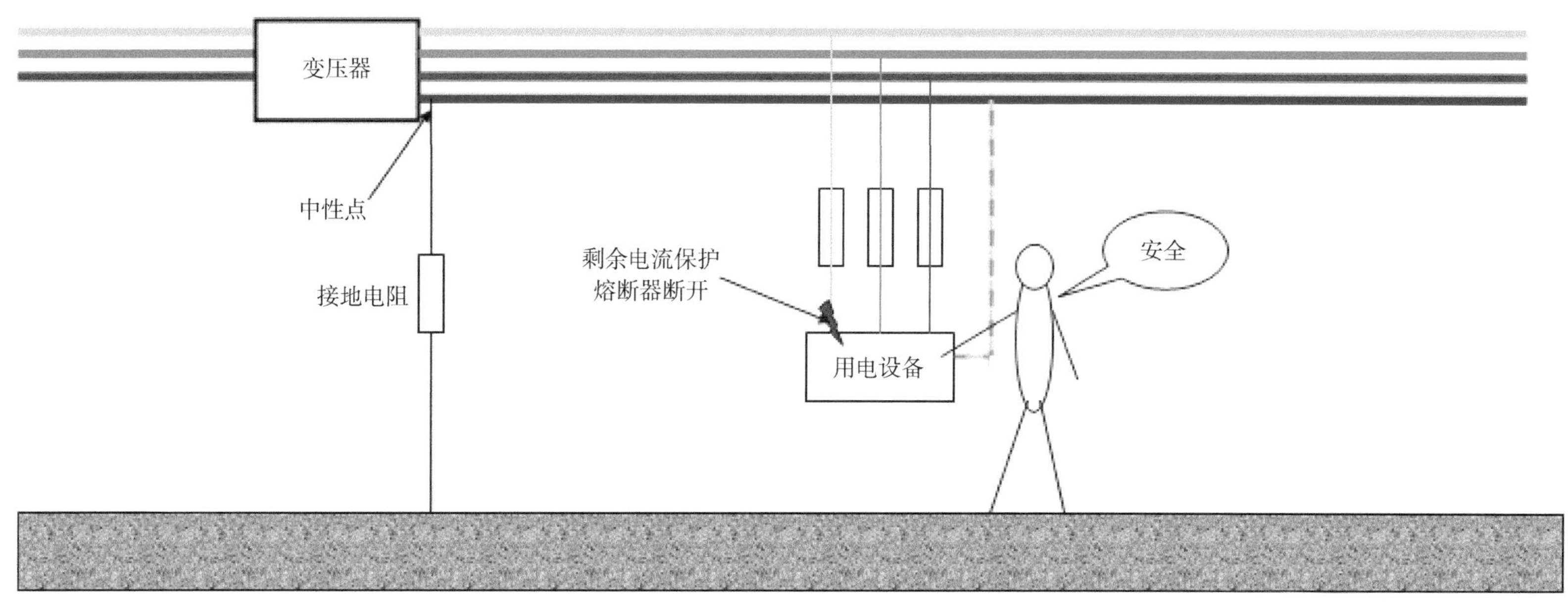


图 2-6 有保护接零的触电演示

## 2.5 TN系统保护接地导体（PE）连接方式

表 2-1 保护接地导体（PE）截面面积与工作导体截面面积的关系

| 相导体截面积 $S$/mm$^2$ | 保护接地导体（PE） 最小截面面积 /mm$^2$ |
|---|---|
| $S \leqslant 25$ | $S$ |
| $25 < S \leqslant 50$ | 25 |
| $S > 50$ | $S/2$ |

（1）保护接地导体（PE）必须采用绝缘导线。

配电装置和电动机械相连接的保护接地导体（PE）应采用截面面积不小于2.5mm$^2$的绝缘多股铜线。手持式电动工具的保护接地导体（PE）应为截面面积不小于1.5mm$^2$的绝缘多股铜线。

（2）保护接地导体（PE）上严禁装设开关或熔断器，严禁通过工作电流，且严禁断线。

（3）导体绝缘层的颜色标识相导体$L_1$（A）、$L_2$（B）、$L_3$（C）相序的绝缘层颜色应依次为黄色、绿色、红色；中性导体（N）的绝缘层颜色为淡蓝色；保护接地导体（PE）的绝缘层颜色为绿/黄组合色。任何情况下上述颜色标记严禁混用和互相代用。

（4）在TN系统中，下列电气设备不带电的外露可导电部分应与保护接地导体（PE）做电气连接：

1）电机、变压器、电器、照明器具、手持式电动工具的金属外壳；

2）电气设备传动装置的金属部件；

3）配电柜与控制柜的金属框架；

4）配电装置的金属箱体、框架及靠近带电部分的金属围栏和金属门；

5）电力线缆的金属保护管、敷线的钢索、起重机的底座和轨道、滑升模板金属操作平台等；

6）安装在电力线路杆（塔）上的开关、电容器等电气装置的金属外壳及支架。

（1）城防、人防、隧道等潮湿或条件特别恶劣的施工现场的电气设备必须采用TN系统。

（2）在TN系统中，下列电气设备不带电的外露可导电部分，可不与保护接地导体（PE）做电气连接：

1）在木质、沥青等不良导电地坪的干燥房间内，交流电压380V及以下的电气装置金属外壳（当维修人员可能同时触及电气设备金属外壳和接地金属物件时除外）；

2）安装在配电柜、控制柜金属框架和配电箱的金属体上，且与其可靠电气连接的电气测量仪表、电流互感器、电器的金属外壳。

# 3 剩余电流动作保护器

## 3.1 剩余电流动作保护器参数

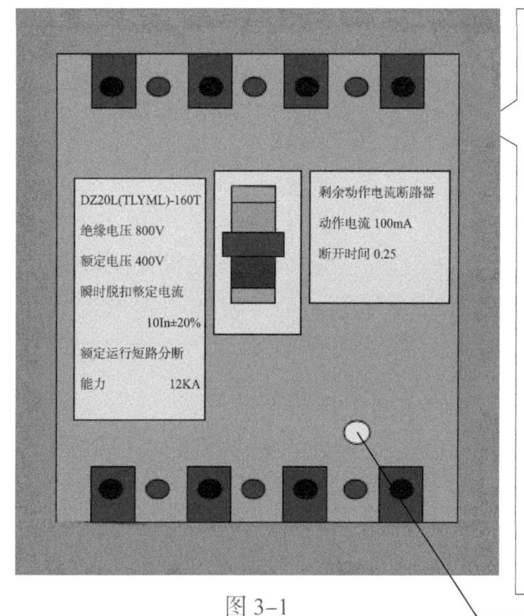


图 3-1

总配电箱中，总剩余电流动作保护器的额定剩余动作电流应大于30mA，额定剩余电流动作时间应大于0.1s，但其额定剩余动作电流与额定剩余动作时间的乘积不应大于30mA·s。

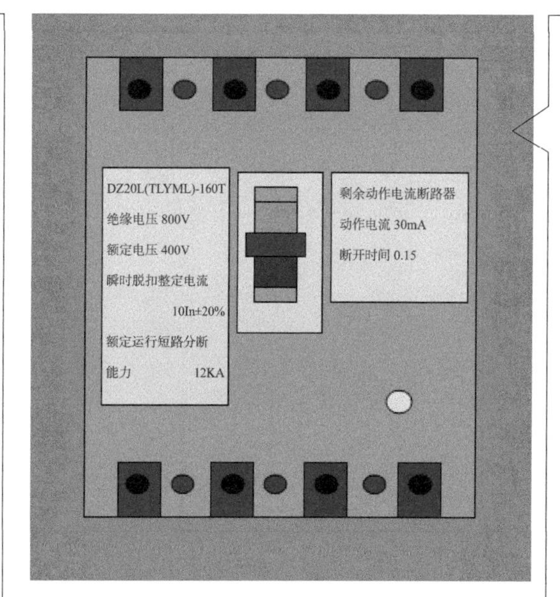


图 3-2

开关箱中剩余电流动作保护器的额定剩余动作电流不应大于30mA，额定剩余电流动作时间不应大于0.1s。潮湿或有腐蚀介质场所的剩余电流动作保护器应采用防溅型产品，其额定剩余动作电流不应大于15mA，额定剩余电流动作时间不应大于0.1s。

剩余电流动作保护器电源侧、负荷侧端子处接线应正确，不得反接；剩余电流动作保护器灭弧罩应安装牢固，并应在电弧喷出方向留有飞弧距离；剩余电流动作保护器控制回路的铜导线截面面积不得小于2.5mm$^2$；剩余电流动作保护器端子处中性导体（N）严禁与保护接地导体（PE）连接，不得重复接地或就近与设备金属外露导体连接。

## 3.2　剩余电流动作保护器极数

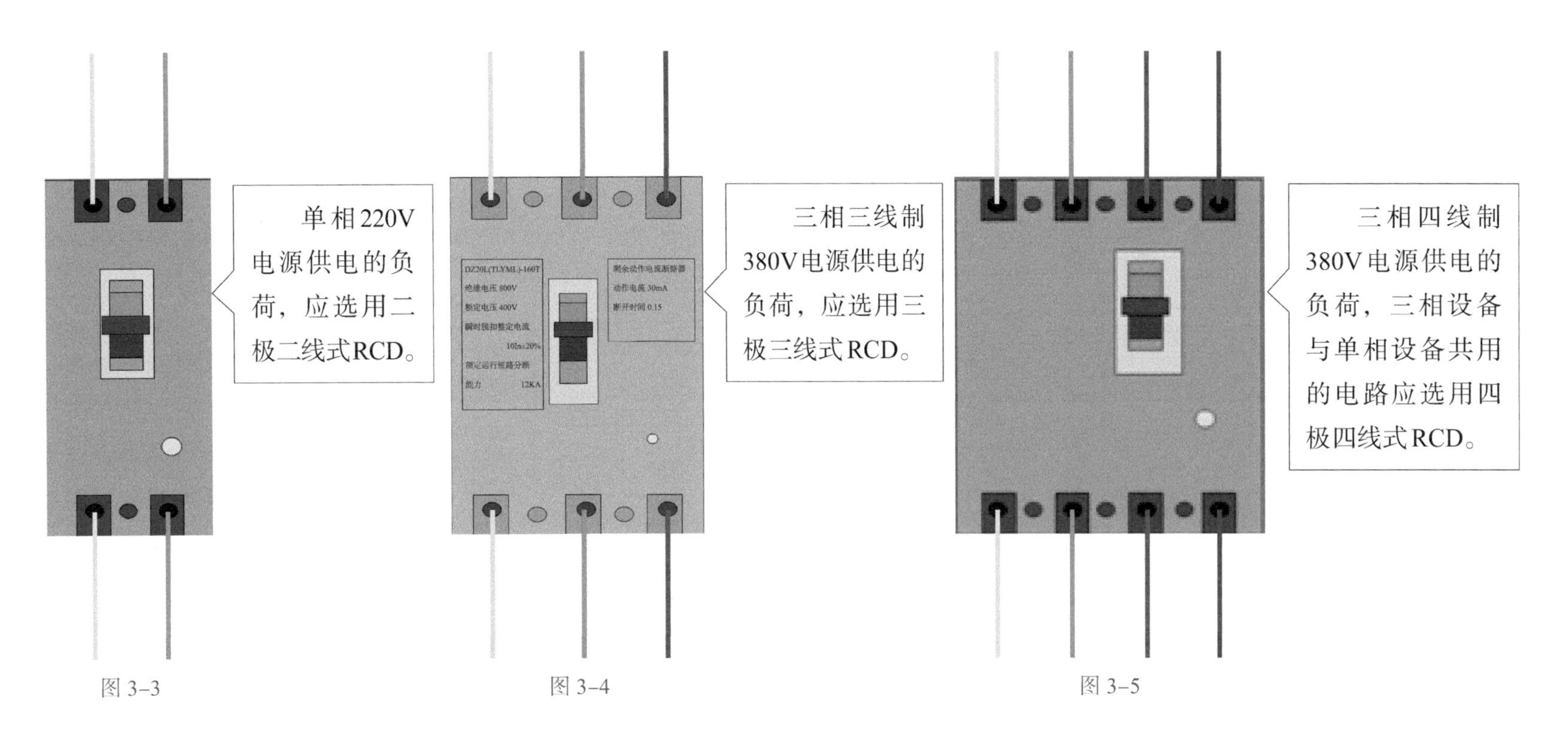


图 3-3　　图 3-4　　图 3-5

总配电箱和开关箱中剩余电流动作保护器的极数和线数必须与其负荷侧负荷的相数和线数一致。电缆芯线数应根据负荷及其控制电器的相数和线数确定；三相四线时，应选用五芯电缆；三相三线时，应选用四芯电缆；单相二线时，应选用三芯电缆；当三相用电设备中配置有单相用电器具时，应选用五芯电缆。

## 3.3 剩余电流动作保护器的正确接线方法

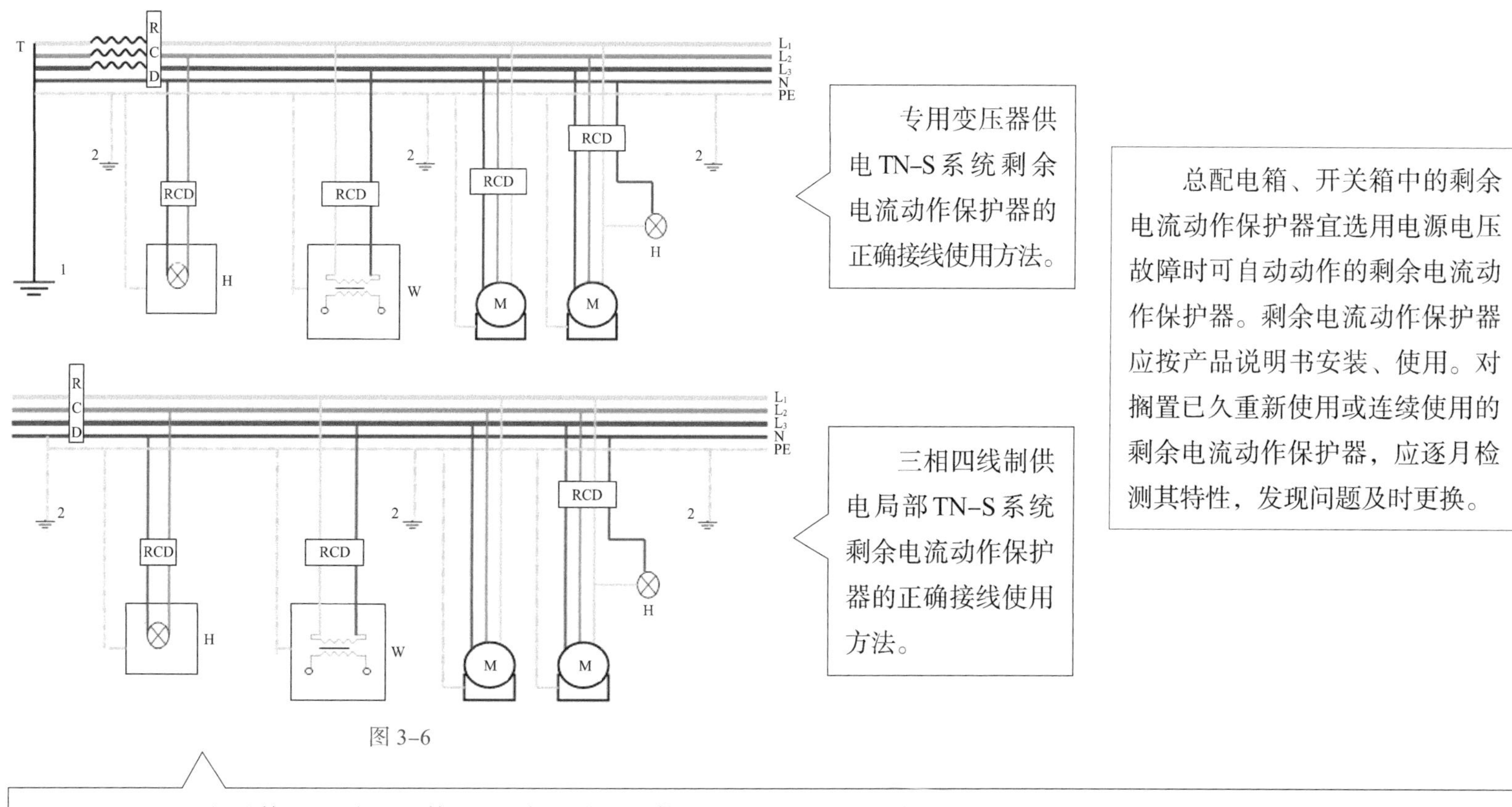


专用变压器供电TN-S系统剩余电流动作保护器的正确接线使用方法。

三相四线制供电局部TN-S系统剩余电流动作保护器的正确接线使用方法。

图 3-6

总配电箱、开关箱中的剩余电流动作保护器宜选用电源电压故障时可自动动作的剩余电流动作保护器。剩余电流动作保护器应按产品说明书安装、使用。对搁置已久重新使用或连续使用的剩余电流动作保护器，应逐月检测其特性，发现问题及时更换。

$L_1$、$L_2$、$L_3$—相导体；N—中性导体；PE—保护接地导体；1—总配电箱电源侧PEN重复接地；2—系统中间和末端处PE接地；T—变压器；RCD—剩余电流动作保护器；H—照明器；W—电焊机；M—电动机。

## 3.4　低压断路器用途分类

低压断路器用途分类见表3-1。

表3-1　低压断路器用途分类

| 断路器类型 | 电流范围/A | 保护特性 | | 主要用途 |
| --- | --- | --- | --- | --- |
| 配电用低压断路器 | 100～6300 | 选择型（B）类 | 瞬时，短延时；瞬时，短延时，长延时 | 电源总开关和靠近变压器近端的支路开关 |
| | | 非选择型（A）类 | 瞬时，长延时 | 变压近端的支路开关，支路末端开关 |
| 电动机保护用断路器 | 16～630 | 直接启动 | 过电流脱扣器瞬时整定电流：$8Ir \sim 15Ir$（$Ir$ 表示过流脱扣器额定电流） | 保护笼型电机，保护笼型和绕线转子电机 |
| | | 间接启动 | 过电流脱扣器瞬时整定电流：$3Ir \sim 8Ir$（$Ir$ 表示过流脱扣器额定电流） | 保护笼型和绕线转子电机 |
| 照明用微型断路器 | 6～63 | 过载长延时，短路瞬时 | | 用于照明线路和信号二次线路 |
| 剩余电流保护器 | 6～800 | 电磁式；电感式 | 动作电流：0.006A、0.01A、0.03A、0.1A、0.2A、0.3A、0.5A、1A、2A、3A、5A、10A、20A、30A | 接地故障保护 |
| 电弧故障保护器 | 6～63 | 额定电流：6A、8A、10A、13A、16A、20A、25A、32A、40A、50A | | 加工或储存物引起火灾危险场所、易燃结构材料场所、火灾易蔓延的建筑物的终端回路 |

## 3.5 剩余电流动作保护电器（RCD）的选择

剩余电流动作保护电器（RCD）的选择见表3-2。

表 3-2 剩余电流动作保护电器（RCD）的选择

<table>
<tr><td rowspan="16">剩余电流动作保护电器的主要分类</td><td>分类方式</td><td>类型</td><td>类型说明</td></tr>
<tr><td rowspan="2">按动作方式分类</td><td>电磁式</td><td>动作功能与电源线电压或外部辅助电源无关的 RCD</td></tr>
<tr><td>电子式</td><td>动作功能与电源线电压或外部辅助电源有关的 RCD</td></tr>
<tr><td rowspan="6">按极数和电流回路分类</td><td>1P+N</td><td>单项两线 RCD</td></tr>
<tr><td>2P</td><td>二极 RCD</td></tr>
<tr><td>2P+N</td><td>二极三线 RCD</td></tr>
<tr><td>3P</td><td>三极 RCD</td></tr>
<tr><td>3P+N</td><td>三极四线 RCD</td></tr>
<tr><td>4P</td><td>四极 RCD</td></tr>
<tr><td rowspan="4">在剩余电流含有直流分量时，根据动作特性分类</td><td>AC 型</td><td>对交流剩余电流能正确动作</td></tr>
<tr><td>A 型</td><td>对交流和脉动直流剩余电流均能正确动作，对脉动直流剩余电流叠加 6mA 平滑直流电流时也能正确动作</td></tr>
<tr><td>F 型</td><td>对交流和脉动直流剩余电流均能正确动作，对复合剩余电流及脉动直流剩余电流叠加 6mA 平滑直流电流时也能正确动作</td></tr>
<tr><td>B 型</td><td>对交流、脉动、直流和平滑直流剩余电流均能正确动作</td></tr>
<tr><td rowspan="2">根据剩余电流大于额定电流时的延时分类</td><td>无延时</td><td>用于一般用途</td></tr>
<tr><td>有延时</td><td>用于选择性保护，包括延时不可调节和延时可调节两种类型</td></tr>
<tr><td colspan="3" style="display:none"></td></tr>
<tr><td>剩余电流动作保护电器的设置原则</td><td colspan="3">（1）应能断开被保护回路的所有带电导体。<br>（2）保护接地导体（PE）线不应穿过剩余电流动作保护电器的磁回路。<br>（3）剩余电流动作保护电器的选择，应保护回路正常运行时的自然漏电流不致引起剩余电流动作保护电器误动作。<br>（4）上下级剩余电流动作保护器之间应有选择性，并可通过额定动作电流值和动作时间的级差来保证。剩余电流的故障发生点应由最近的上一级剩余电流动作保护电器切断电源</td></tr>
</table>

# 4　防雷保护

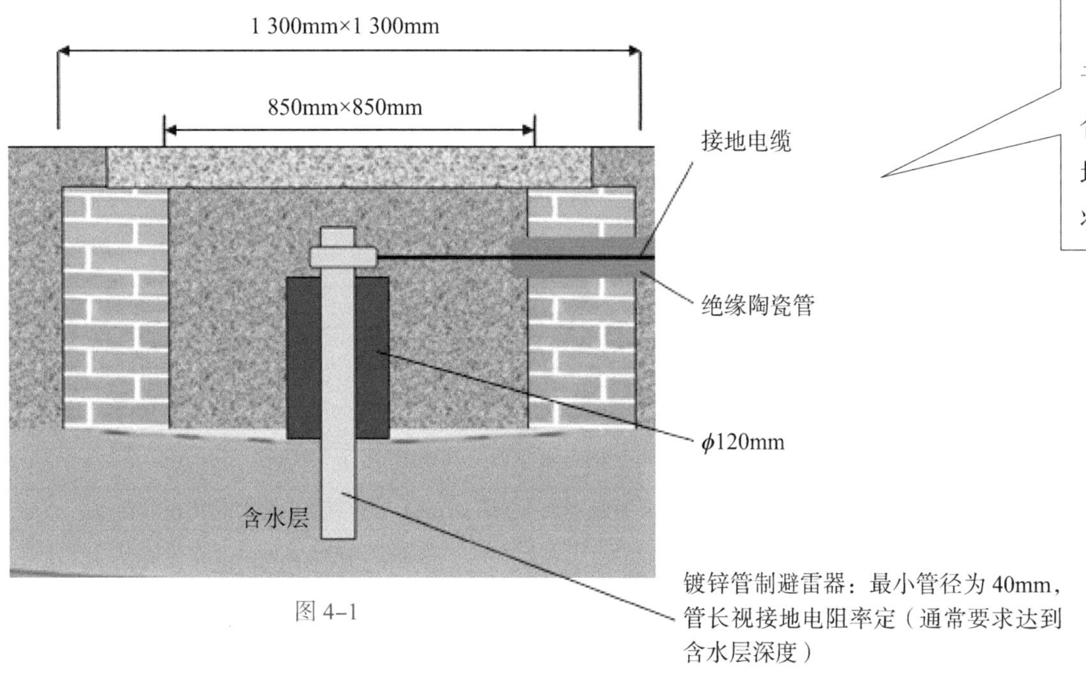


图 4-1

防雷接地装置的设置，应考虑土壤干燥或冻结等季节变化的影响，并应符合表4-1的规定。但防雷装置的冲击接地电阻值只考虑在雷雨季节中土壤干燥状态的影响。

表 4-1　接地装置的季节系数 $\varphi$ 值

| 埋深 /m | 水平接地体 | 长 2 ～ 3m 的垂直接地体 |
|---|---|---|
| 0.5 | 1.4 ～ 1.8 | 1.2 ～ 1.4 |
| 0.8 ～ 1.0 | 1.25 ～ 1.45 | 1.15 ～ 1.3 |
| 2.5 ～ 3.0 | 1.0 ～ 1.1 | 1.0 ～ 1.1 |

每一组接地装置的接地线应采用2根及以上导体，在不同点与接地体做电气连接。不得采用铝导体作接地体或地下接地线。垂直接地体宜采用角钢、钢管或光面圆钢，不得采用螺纹钢。

土壤电阻率低于200Ω・m区域的电杆可不另设防雷接地装置，但在配电室的架空进线或出线处应将绝缘子铁脚与配电室的接地装置相连接。应装设电涌保护器。施工现场内的塔式起重机、施工升降机、物料提升机等起重机械，以及钢脚手架和正在施工的在建工程等的金属结构，当在相邻建筑物、构筑物等设施的防雷装置接闪器的保护范围以外时，应按表4–2规定安装防雷装置。表4–2中地区年均雷暴日应按本书附录A全国主要城市年均雷暴日数执行。当最高机械设备上接闪器的保护范围能覆盖其他设备，且又最后退出现场时，则其他设备可不设防雷装置。确定防雷装置接闪器的保护范围可采用本书介绍的滚球法进行计算。

表4–2　施工现场内机械设备及高架设施需安装防雷装置的规定

| 地区年平均雷暴日 /d | 机械设备高度 /m |
| --- | --- |
| ≤ 15 | ≥ 50 |
| ＞15，＜40 | ≥ 32 |
| ≥ 40，＜90 | ≥ 20 |
| ≥ 90 及雷害特别严重地区 | ≥ 12 |

机械设备或设施的防雷引下线可利用该设备或设施的金属结构体，并应保证电气连接。机械设备上的接闪器长度应为1 ～ 2m。塔式起重机、施工升降机、施工升降平台等设备可不另设接闪器。安装接闪器的机械设备，其动力、控制、照明、信号及通信线缆宜采用钢管敷设。钢管与机械设备的金属结构体做电气连接。施工现场防雷装置的冲击接地电阻值不应大于30Ω。机械做防雷接地时，机械上的电气设备所连接的保护接地导体（PE）必须同时做重复接地，同一台机械电气设备的重复接地和防雷接地可共用同一接地体，但接地电阻应符合重复接地电阻值的要求。

# 5 接地要求

## 5.1 各接地的相关要求

重复接地要求：

（1）TN系统中的保护接地导体（PE）除必须在配电室或总配电箱处做接地外，还必须在配电系统的中间处和末端处做重复接地。

（2）TN-S系统中保护接地导体（PE）一处重复接地装置的接地电阻值不应大于10Ω。在工作接地电阻允许达到10Ω的电力系统中，所有重复接地的等效电阻值不应大于10Ω。

（3）在TN系统中严禁将中性导体（N）单独再做接地。

（4）每一组接地装置的接地线应采用2根及以上导体，在不同点与接地极做电气连接，不得采用铝导体作接地体或地下接地线；垂直接地极宜采用角钢、钢管或光面圆钢，不得采用螺纹钢。

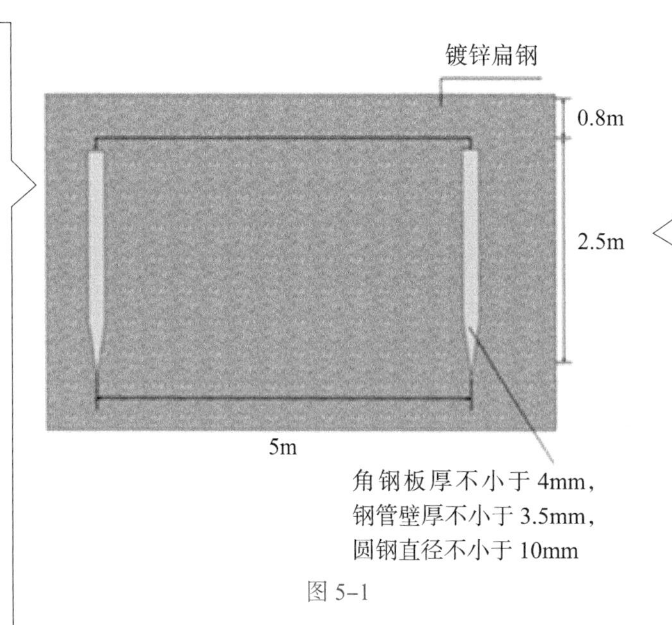


图 5-1

工作接地要求：

（1）单台容量超过100kV·A或使用同一接地装置并联运行且总容量超过100kV·A的电力变压器或发电机的工作接地电阻值不应大于4Ω。

（2）单台容量不超过100kV·A或使用同一接地装置并联运行且总容量不超过100kV·A电力变压器或发电机的工作接地电阻值应大于10Ω。

（3）在土壤电阻率大于1000Ω·m的地区，当达到上述接地电阻有困难时，工作接地电阻值可提高到30Ω·m。

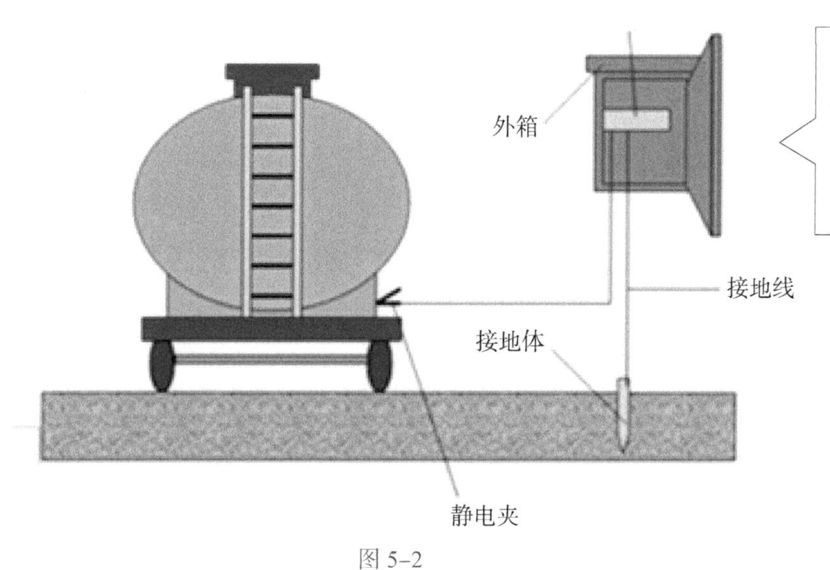


图 5-2

静电接地要求：在有静电的施工现场内，对集聚在机械设备上的静电应采取接地泄漏措施。每组专设的静电接地体的接地电阻值不应大于100Ω，高土壤电阻率地区不应大于1000Ω。

# 6 配电装置

## 6.1 配电装置的设置

### 6.1.1 箱体距离及制作要求

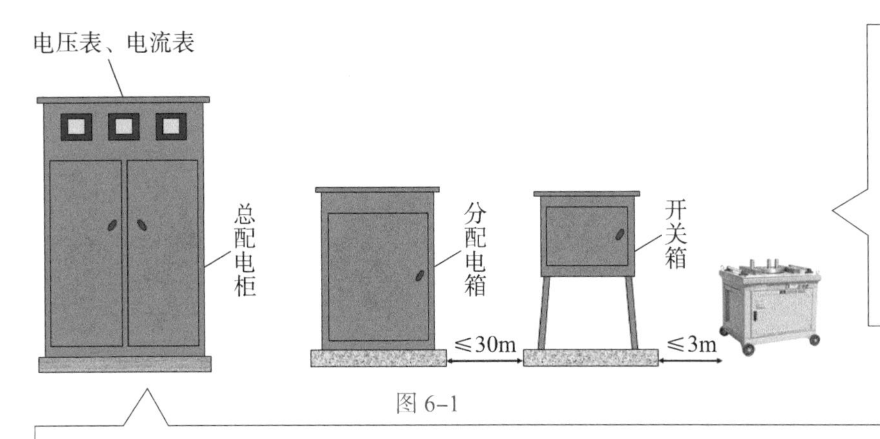


图 6-1

总配电箱以下可设若干分配电箱，分配电箱以下可设若干开关箱。

总配电箱应设在靠近电源的区域，分配电箱应设在用电设备或负荷相对集中的区域，分配电箱与开关箱的距离不应超过30m，开关箱与其控制的固定式用电设备的水平距离不宜超过3m。

配电箱、开关箱应装设在干燥、通风及常温场所，不得装设在有严重损伤作用的瓦斯、烟气、潮气及其他有害介质中，亦不得装设在易受外来固体物撞击、强烈振动、液体浸溅及热源烘烤场所。配电箱、开关箱应采用冷轧钢板或阻燃绝缘材料制作，钢板厚度应为1.2 ～ 2.0mm，其中开关箱箱体钢板厚度不得小于1.2mm，配电箱箱休钢板厚度不得小于1.5mm，箱体表面应做防腐处理。配电箱、开关箱周围应有足够2人同时工作的空间和通道，不得堆放任何妨碍操作和维修的物品，不得有灌木、杂草。配电箱、开关箱应装设端正、牢固。固定式配电箱、开关箱的中心店与地面的垂直距离应为1.4 ～ 1.6m。移动式配电箱、开关箱应装设在坚固、水平的支架上，其中心点与地面垂直距离宜为0.8 ～ 1.6m。配电箱、开关箱外形结构应具有防雨、防尘措施，单独为配电箱、开关箱装设防雨棚（盖），防雨棚（盖）宜采用绝缘材料制作。

## 6.1.2 动力与照明分设开关箱

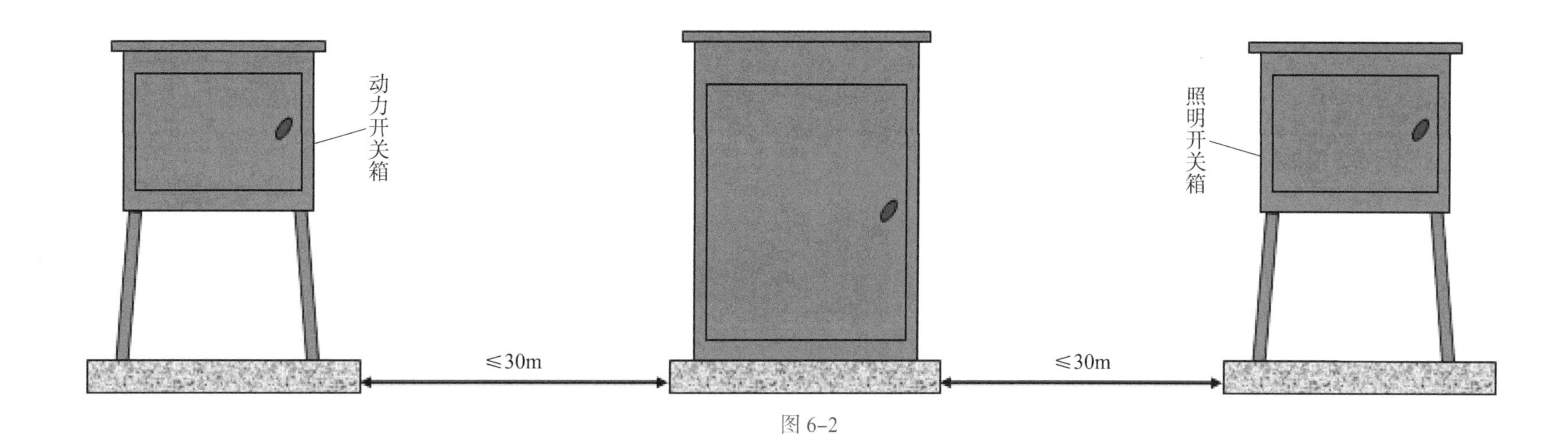


图 6-2

动力配电箱与照明配电箱宜分别设置。当合并设置为同一配电箱时，动力和照明应分路配电；动力开关箱与照明开关箱必须分设。

## 6.1.3 箱体外观尺寸及箱内电器要求

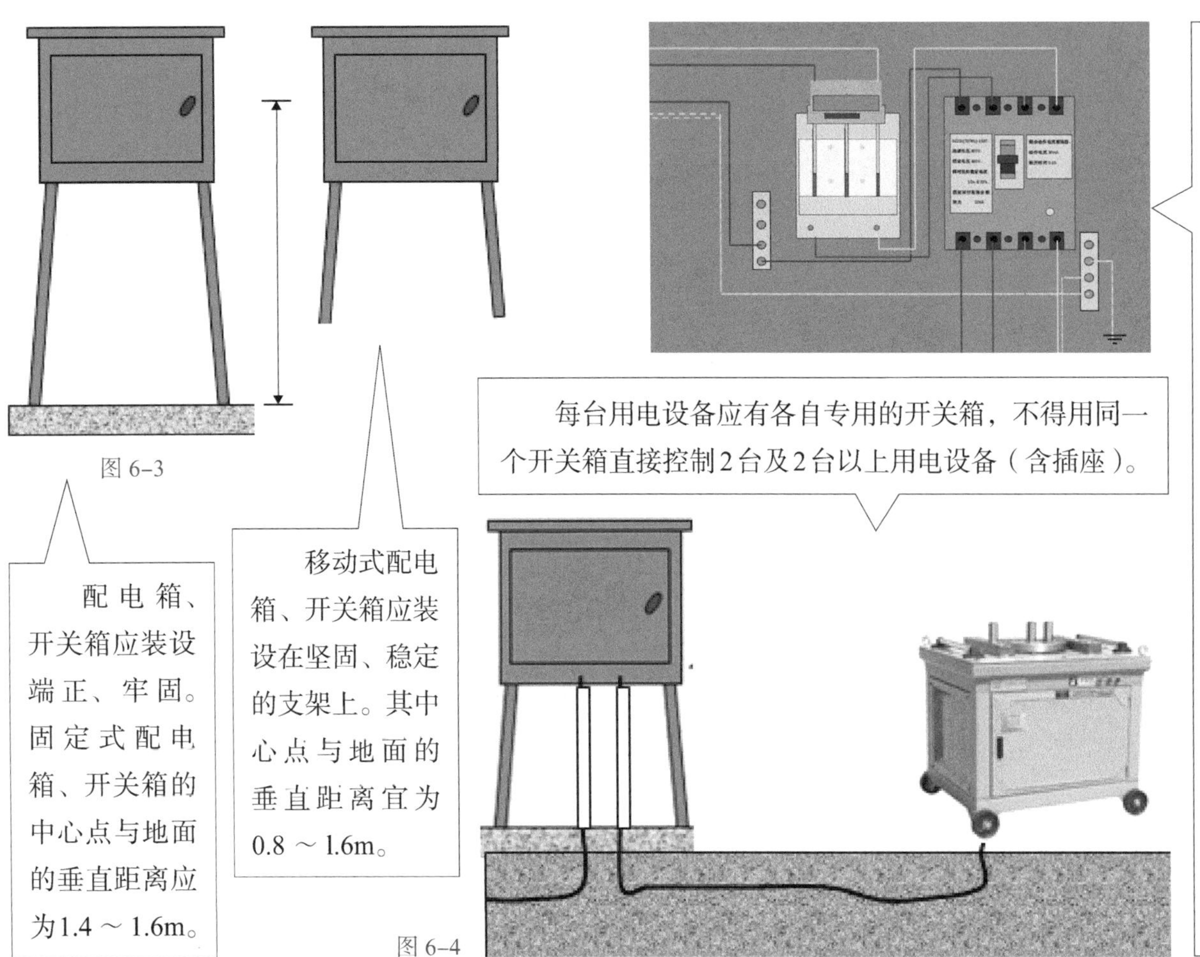


图 6-3

图 6-4

配电箱、开关箱内的电器（含插座）应先安装在金属或非木质阻燃绝缘电器安装板上，再整体紧固在配电箱、开关箱箱体内。

金属电器安装板与保护接地导体（PE）应做电气连接。配电箱、开关箱内的电器（含插座）应按其规定位置固定在电器安装板上，且不得歪斜和松动。

配电箱的电器安装板上必须分设N端子板和PE端子板。N端子板必须与金属电器安装板绝缘；PE端子板必须与金属电器安装板做电气连接。进出线中的中性导体（N）必须通过N端子板连接；保护接地导体（PE）必须通过PE端子板连接。

## 6.1.4 相线颜色

导体绝缘层颜色标识必须符合以下规定：相导体$L_1$（A）、$L_2$（B）、$L_3$（C）相序的绝缘颜色应依次为黄、绿、红色；保护接地导体（PE）的绝缘颜色应为绿/黄组合色。上述颜色标识严禁混用和互相代用。

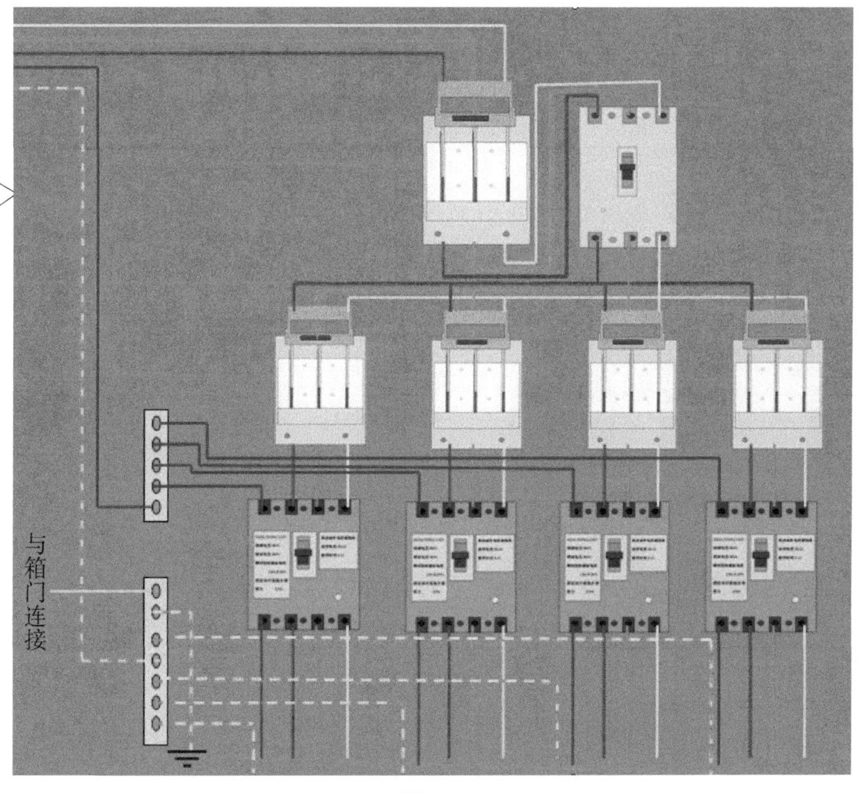


图 6–5

配电箱、开关箱内的连接线必须采用铜芯绝缘导线。导线绝缘层的颜色标识应按《建筑与市政工程施工现场临时用电安全技术标准》JGJ/T 46—2024第3.2.11条的规定配置并排列整齐；线束应有外套绝缘层，导线应与电器段子连接牢固，不得有外露带点部分。配电箱、开关箱的金属箱体、金属电器安装板以及电器正常不带电的金属底座、外壳等应通过PE端子板与保护接地导体（PE）做电气连接，金属箱门与金属箱体应采用黄/绿组合颜色软绝缘导线做电气连接。

配电箱、开关箱电源进线端不得采用插头和插座做活动连接。配电箱、开关箱内的电器应可靠、完好，不得使用破损、不合格的电器。

### 6.1.5 箱内电器的数量和尺寸

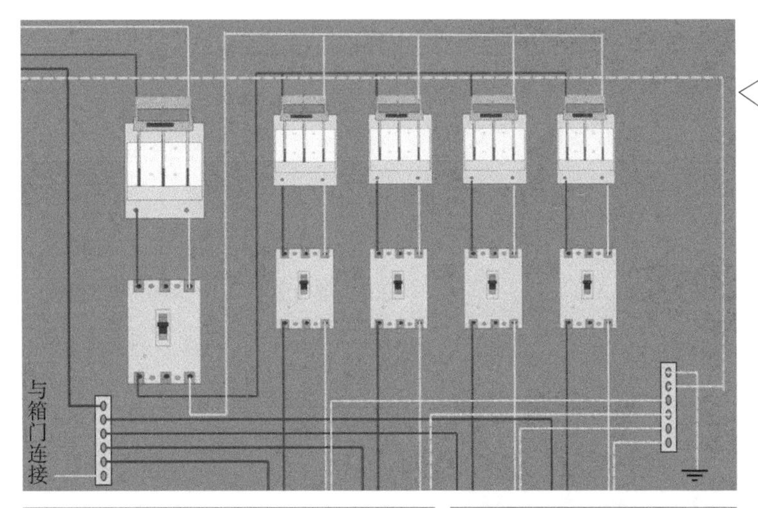


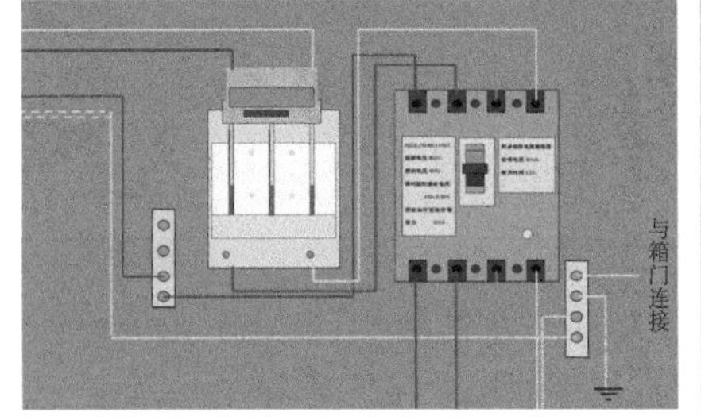


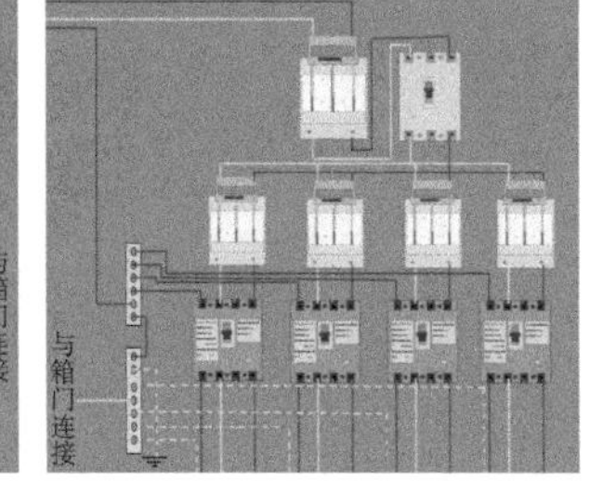


图 6-6

配电箱、开关箱的箱体尺寸应与箱内电器的数量和尺寸相适应，箱内电器安装板板面电器安装尺寸可按照配电箱、开关箱内电器安装尺寸选择值表（表6-1）确定。

表 6-1 配电箱、开关箱内电器安装尺寸选择值表

| 间距名称 | 最小净距 /mm |
| --- | --- |
| 并列电气（含单极熔断器）间 | 30 |
| 电器进、出线瓷管（塑胶管）孔与电器边缘 | 15A，30 |
| | 20 ~ 30A，50 |
| | 60A 及以上，80 |
| 上、下排电器进出线瓷管（塑胶管）孔间 | 25 |
| 电器进、出线瓷管（塑胶管）孔至板边 | 40 |
| 电器至板边 | 40 |

配电箱、开关箱中导线的进线口和出线口应设在箱体的下底面。

配电箱、开关箱的进出线口应配置固定线卡，进出线应加绝缘护套并成束卡固在支架上，不得与箱体直接接触。移动式配电箱、开关箱的进出线应采用橡皮护套绝缘电缆，不得有接头。

# 6.2 配电装置的电器选择

## 6.2.1 总配电箱电器选择

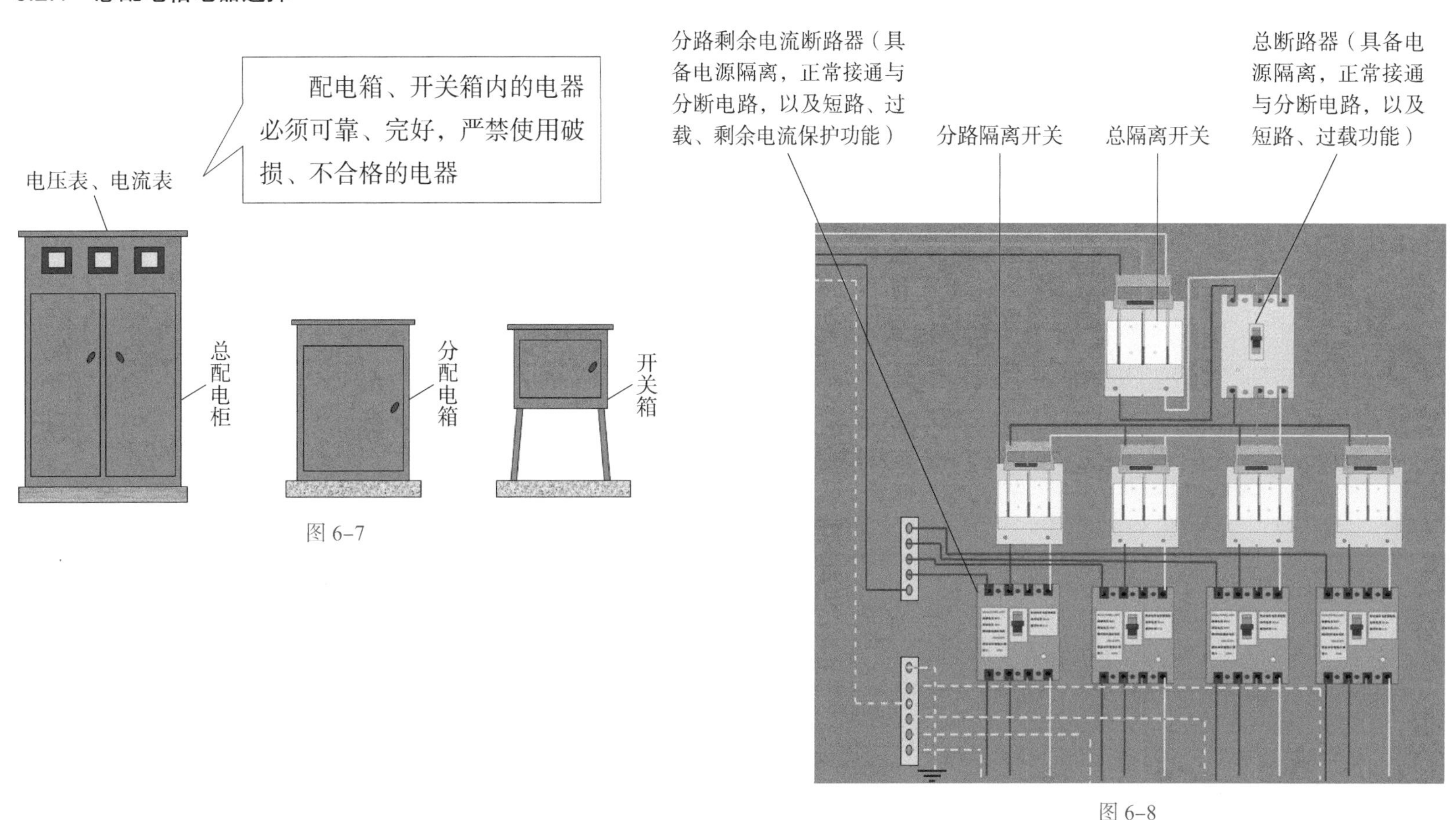


图 6-7

图 6-8

总配电箱内的电器装置应具备电源隔离，正常接通与分断电路，以及短路、过负荷、剩余电流保护功能。电器装置应符合下列规定：

（1）当总路设置总剩余电流动作保护器时，还应装设总隔离开关、分路隔离开关，以及总断路器、分路断路器或总熔断器、分路熔断器。

（2）当各分路设置分路剩余电流动作保护器时，还应装设总隔离开关、分路隔离开关，以及总断路器、分路断路器或总熔断器、分路熔断器。

（3）隔离开关应设置于电源进线端，应采用分断时具有可见分断点，并能同时断开电源所有极的隔离电器。当采用分断时具有可见分断点的断路器，可不另设隔离开关。

（4）熔断器应选用具有可靠灭弧分断功能的产品。

（5）总开关电器的额定值、动作整定值应与分路开关电器的额定值、动作整定值相匹配。

### 6.2.2 电流互感器

图 6-9

总配电箱应装设电压表、总电流表、电度表及其他需要的仪表。专用电能计量仪表的装设应符合当地供用电管理部门的规定。

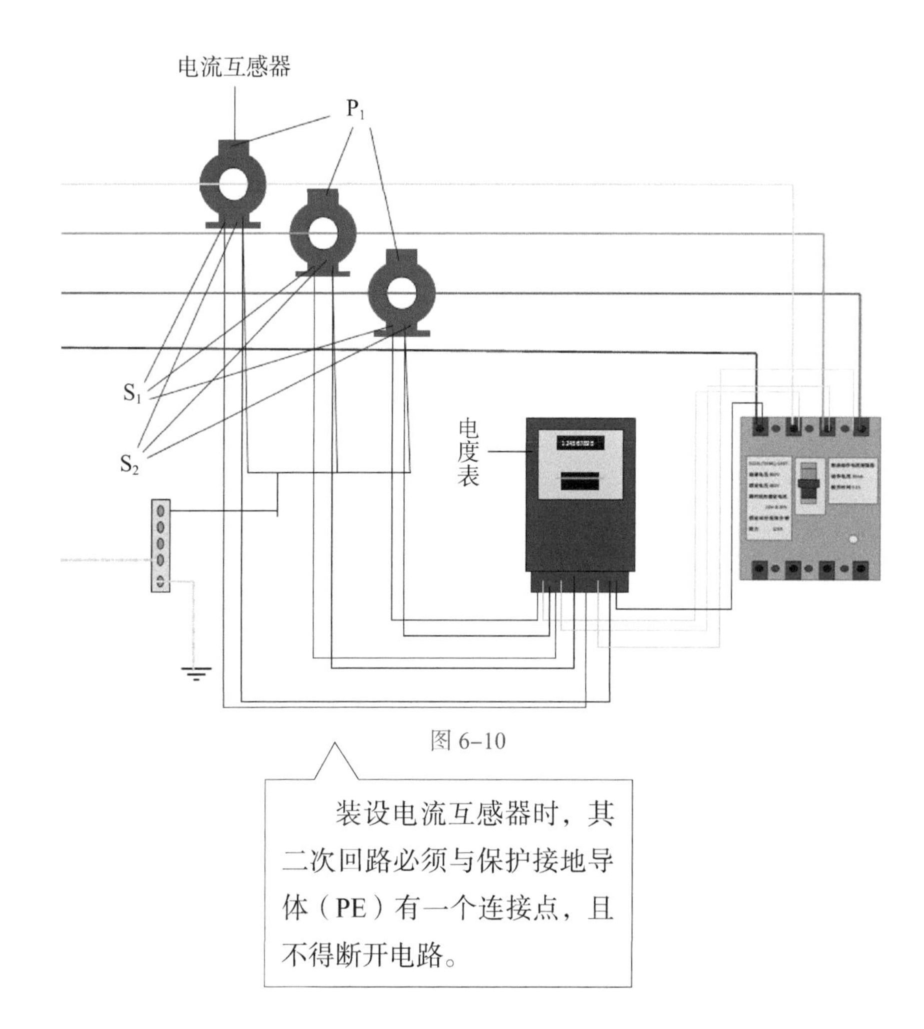


图 6-10

装设电流互感器时，其二次回路必须与保护接地导体（PE）有一个连接点，且不得断开电路。

## 6.2.3 分配电箱电器选择

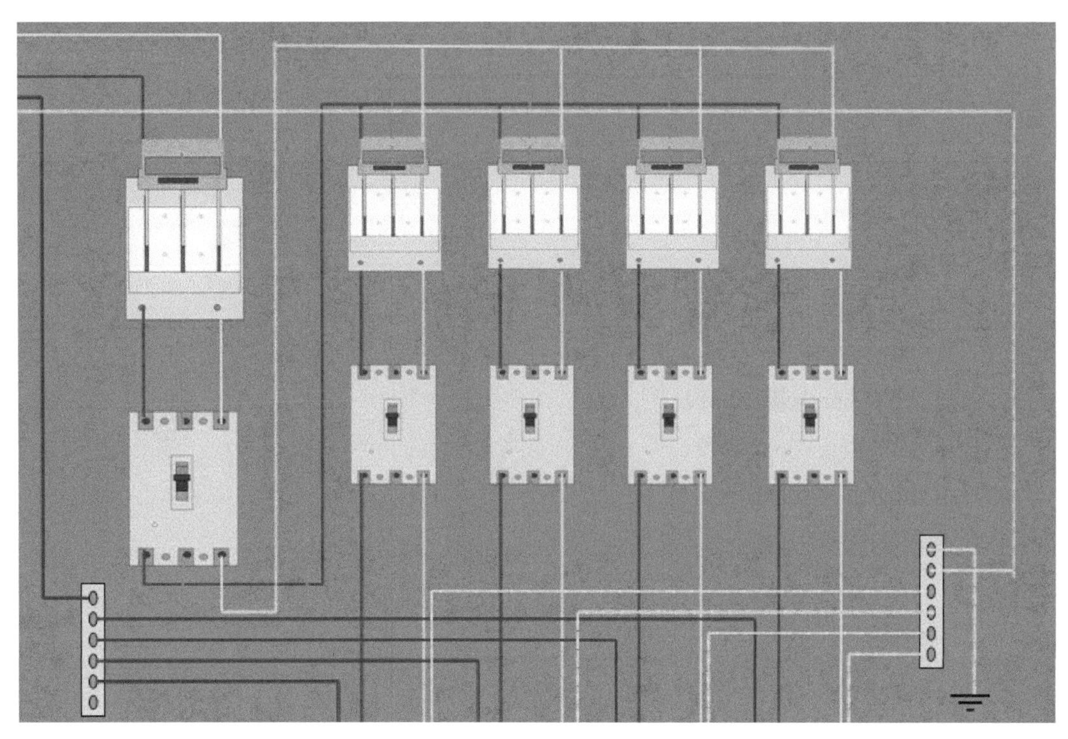

图 6-11

分配电箱应装设总隔离开关、分路隔离开关以及总断路器、分路断路器或总熔断器、分路熔断器。其设置和选择应符合《建筑与市政工程施工现场临时用电安全技术标准》JGJ/T 46—2024 第 4.2.1 条的规定。

### 6.2.4 开关箱电器选择

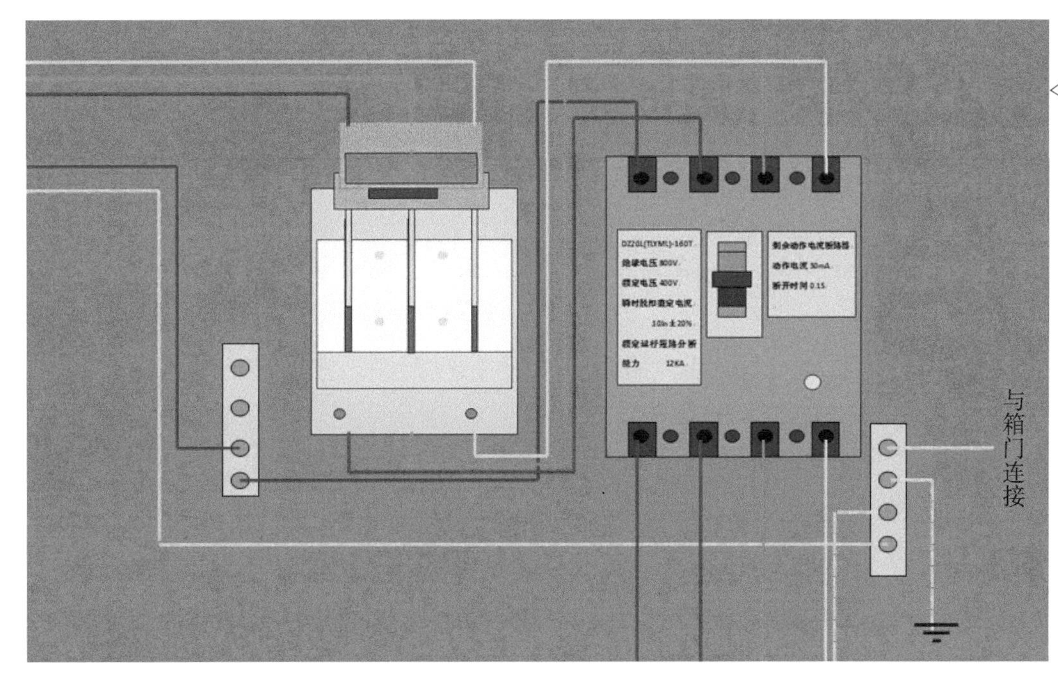


图 6-12

开关箱中各种开关电器的额定值和动作整定值应与其控制用电设备的额定值和特性相适应。

开关箱的电源进线端不得采用插头和插座做活动连接。

开关箱必须装设隔离开关、断路器或熔断器，以及剩余电流动作保护器。隔离开关应采用分断时具有可见分断点，并能同时断开电源所有极的隔离电器，并应设置于电源进线端。

## 6.2.5 移动开关箱设插座

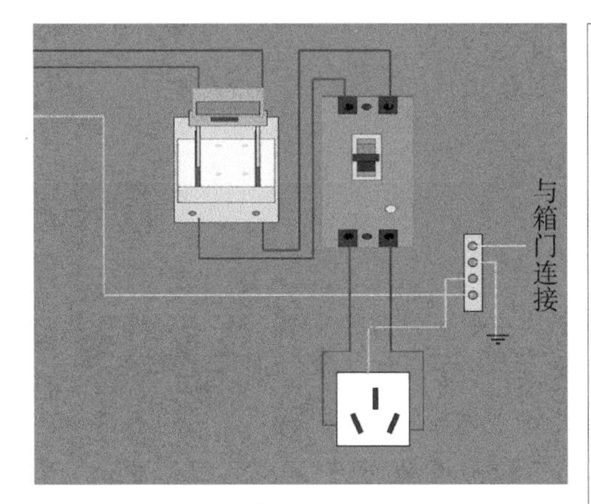


图 6–13

（1）在一般场所下使用手持式电动工具，应符合下列规定：

1）宜选用Ⅱ类手持式电动工具；当选用Ⅰ类手持式电动工具时，其金属外壳与保护接地导体（PE）做电气连接，连接点应牢固可靠；

2）除塑料外壳Ⅱ类工具外，开关箱内剩余电流动作保护器的额定剩余动作电流不应大于15mA，额定剩余电流动作时间不应大于0.1s，其负荷线插头应为专用的保护触头；

3）手持电动工具的电源线插头与开关箱的插座应在结构上保持一致，避免导电触头和保护触头混用。

（2）在潮湿场所或金属构架上使用手持式电动工具，应符合下列规定：

1）应选用Ⅱ类或由安全隔离变压器供电的Ⅲ类手持式电动工具；

2）开关箱和照明变压器箱应设置在作业场所外干燥区域。

（3）在受限空间使用手持式电动工具，应符合下列规定：

1）应选用由安全隔离变压器供电的Ⅲ类手持式电动工具，其开关箱和安全隔离变压器均设置在有限空间之外便于操作的地方，且保护接地导体（PE）连接应符合标准相关要求；

2）剩余电流动作保护器的选择应符合标准相关要求；

3）操作过程中，应设置专人在外面监护。

手持式电动工具的负荷线应采用耐气候型的橡皮护套铜芯软电缆，并不得有接头。

手持式电动工具的标志、外壳、手柄、插头、开关、负荷线等应完好无损，使用前对工具外观检查合格后进行空载检查，空载运转正常后方可使用。应定期对工具绝缘电阻进行测量，绝缘电阻不应小于《建筑与市政工程施工现场临时用电安全技术标准》JGJ/T 46—2024表7.6.5规定的数值。使用手持式电动工具时，作业人员应穿戴安全防护用品。

# 6.3 配电装置的使用

配电箱、开关箱应有名称、用途、分路标识及系统接线图。配电箱门应配锁并应设专人负责管理。配电箱、开关箱应定期检查、维修。检查、维修人员应是专业电工；检查、维修时应按规定穿戴绝缘鞋、手套，使用电工绝缘工具，并应做检查、维修工作记录。对配电箱、开关箱进行定期维修、检查时，应将其前一级相应的电源隔离开关分闸断电，设置专人监护，并悬挂“禁止合闸、有人工作”停电标识牌，不得带电作业。施工现场停止作业1h以上时，应将动力开关箱断电上锁。配电箱、开关箱内不得放置任何杂物，并应保持整洁。配电箱、开关箱内不得随意拉接其他用电设备。配电箱、开关箱内的电器配置和接线不得随意改动。熔断器的熔体更换时，不得采用不符合原规格的熔体代替。剩余电流动作保护器每天使用前应启动剩余电流试验按钮试跳一次，试跳不正常时不得继续使用。配电箱、开关箱的进出线端子不得承受外力，不得与金属尖锐断口、强腐蚀介质和易燃易爆物接触。配电箱、开关箱的操作顺序应符合下列规定：

（1）送电操作顺序为：总配电箱→分配电箱→开关箱。

（2）停电操作顺序为：开关箱→分配电箱→总配电箱。

出现电气故障的紧急情况可除外。

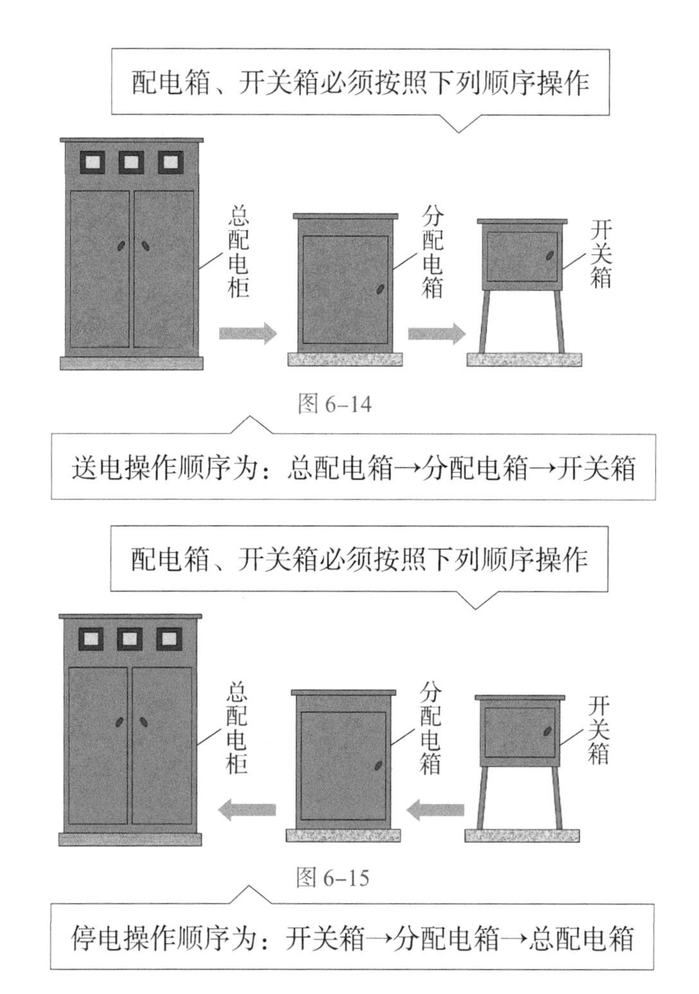


图 6–14

图 6–15

# 7 变压器

## 7.1 变压器

### 7.1.1 变压器立面图

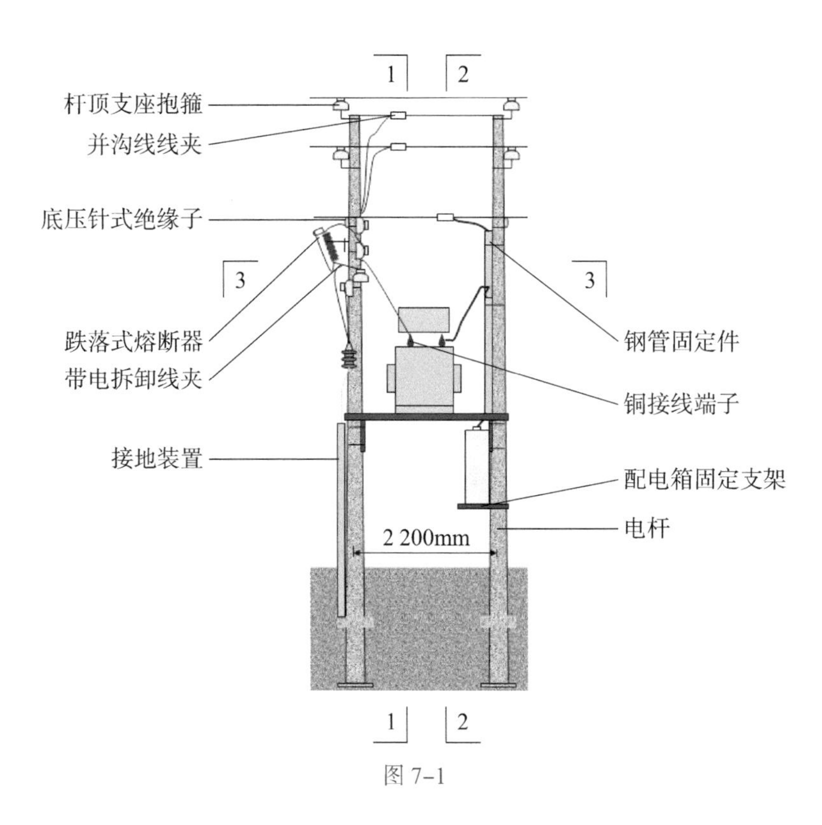


图 7-1

### 7.1.2 变压器剖面图

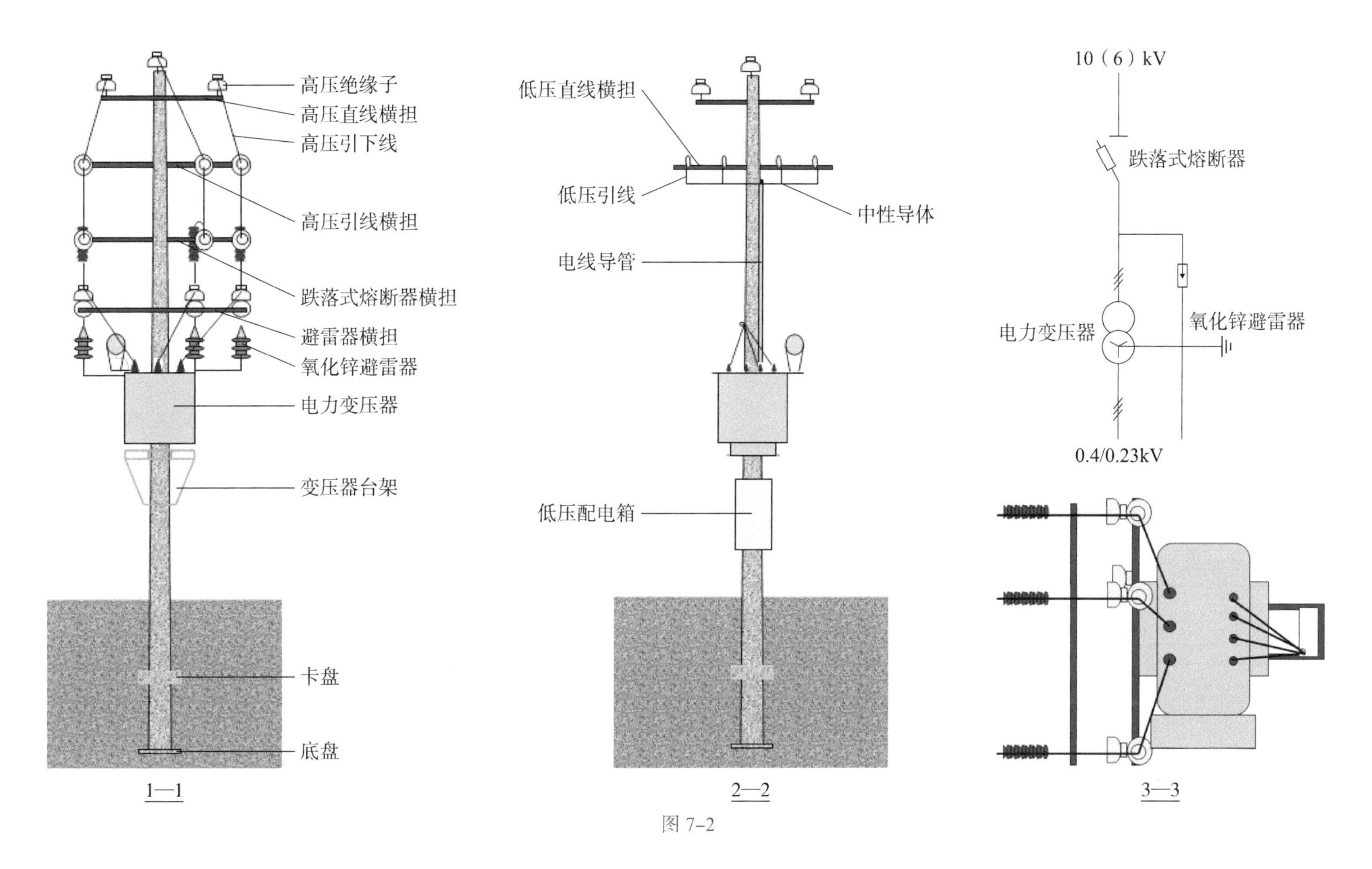


图 7-2

# 7.2　箱式变压器

## 7.2.1　箱式变压器设置

图 7-3

供电电源一般由变电站提供10kV电源，接引杆安装一组高压隔离开关及避雷器，并做好接地。地埋铺设高压电力电缆至箱式变压器处。箱式变压器一般是为各小区设置的永久性变压器，根据各小区的建筑特点、人员密集情况、电源使用情况及用电负荷来设计。所以用在施工现场施工临时用电时，一定要先进行负荷计算，施工现场总配电箱和箱式变压器的用电负荷要相匹配。不能出现施工现场总的用电额定电流值大于变压器低压侧引出线及断路器的额定电流值的情况。

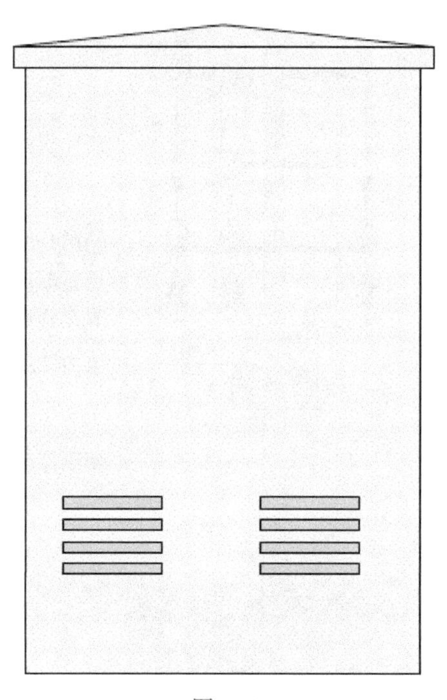

图 7-4

### 7.2.2 箱式变压器内部设置

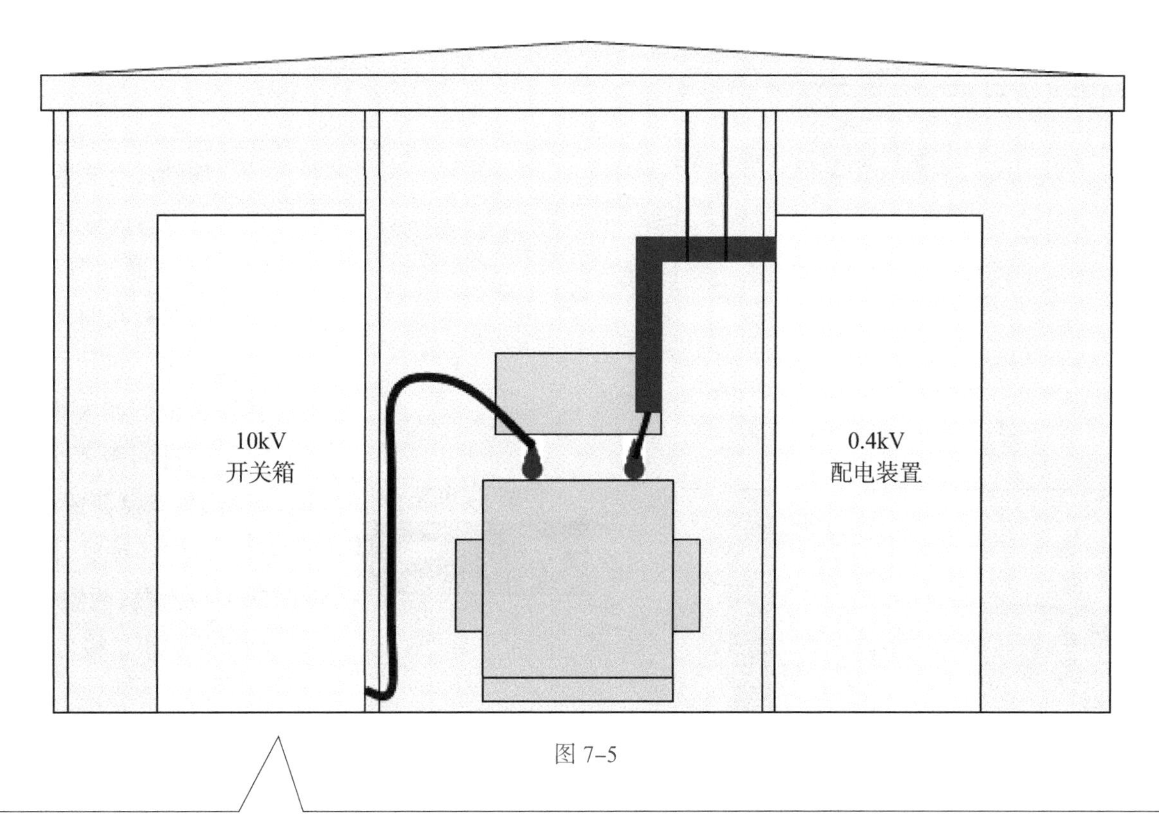


图 7-5

箱式变压器高压配电室内设备配备情况：箱式变压器高压配电室内安装高压进线柜一面，高压计量柜一面，高压出线柜一面，变压器室内根据实际负荷的需要安装相应变压器。四周安装围栏、安全警示牌。

低压配电室内安装低压进线配电柜、低压出线柜、电容补偿柜。低压出线柜按施工需要设计安装。

## 7.2.3 箱式变压器外部设置

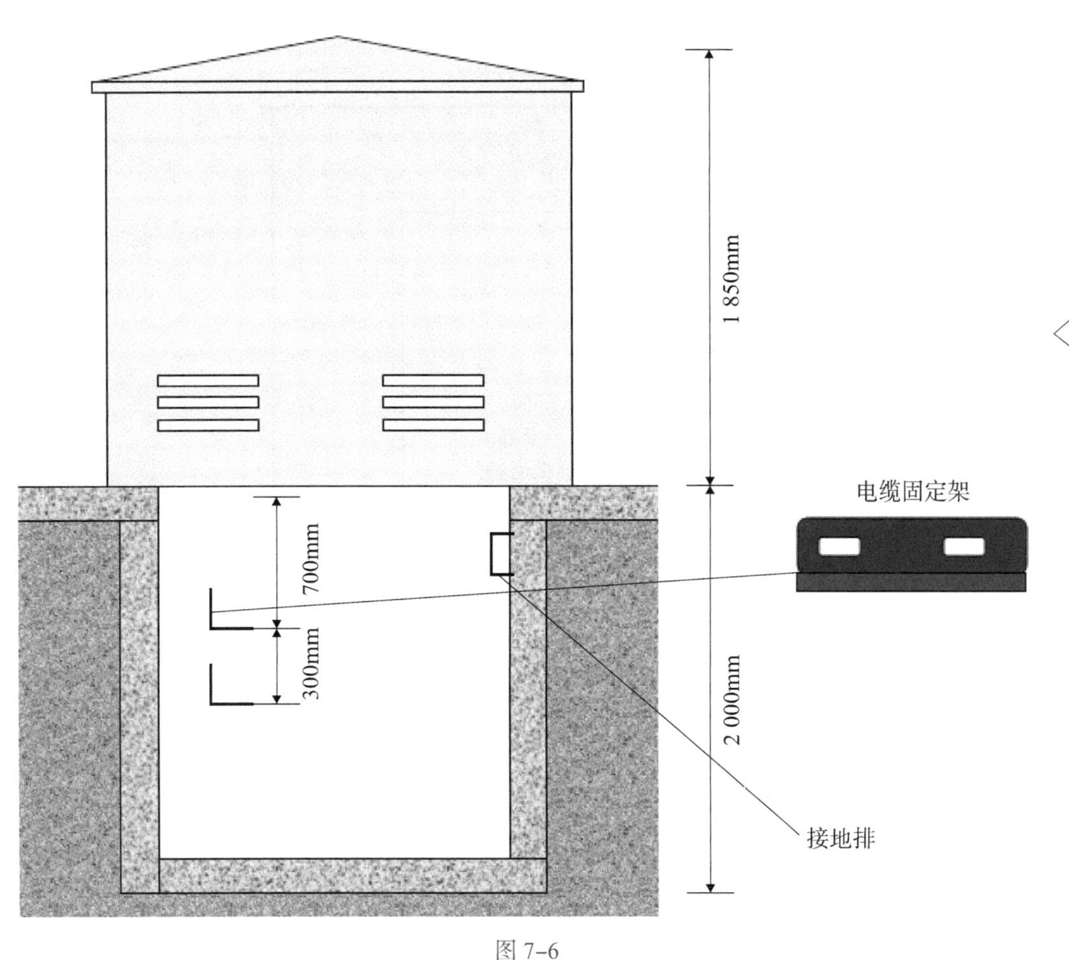


图 7-6

基础尺寸根据箱式变压器设计确定，电缆室内壁及基础平台用1∶2.5水泥砂浆抹面，厚度20mm，表面须平整。电缆室底面须向排污口略有倾斜，以免积水。进出线电缆穿管的数量及管径可根据实际情况和进出位置来确定，管排间距不小于200mm。蹬梯用$\phi$12圆钢弯制而成，埋设在箱式变压器对应位置。接地引线分别用$\phi$12圆钢或30×4扁钢从两侧引入，基础顶部与预埋钢板焊牢，接地电阻应小于4Ω。

## 7.3 变压器断路器的选择

变压器与断路器配合表见表7–1。

表 7–1 变压器与断路器配合表

| 变压器 | | 额定电流 $I_e$/A | | | | 变压器出口处短路电流 $I_k$/kA | 变压器低压侧总保护断路器参数选择示例 |
|---|---|---|---|---|---|---|---|
| 容量 /（kV・A） | 阻抗电压 /% | 35kV 侧 | 20kV 侧 | 10kV 侧 | 0.4kV 侧 | | |
| 250 | 4 | 4.1 | 7.2 | 14.5 | 361 | 9 | MCCB，$I_{nm}$=630A，$I_n$=500A，$I_{cs}$=35kA，3p |
| 315 | 4 | 5.2 | 9.1 | 18.2 | 455 | 11.34 | MCCB，$I_{nm}$=630A，$I_n$=630A，$I_{cs}$=35kA，3p |
| 400 | 4 | 6.6 | 11.6 | 23.1 | 577 | 14.4 | MCCB，$I_{nm}$=800A，$I_n$=800A，$I_{cs}$=50kA，3p |
| 500 | 4 | 8.2 | 14.5 | 28.9 | 722 | 18 | MCCB，$I_{nm}$=1000A，$I_n$=1000A，$I_{cs}$=50kA，3p |
| 630 | 4 | 10.4 | 18.2 | 36.4 | 909 | 22.68 | MCCB，$I_{nm}$=1250A，$I_n$=1250A，$I_{cs}$=50kA，3p |
| | 6 | 10.4 | 18.2 | 36.4 | 909 | 15.12 | |
| 800 | 6 | 13.2 | 23.1 | 46.2 | 1155 | 19.2 | ACB，$I_{nm}$=1600A，$I_n$=1600A，$I_{cs}$=65kA，3p |
| 1000 | 6 | 16.5 | 28.9 | 57.8 | 1443 | 24 | ACB，$I_{nm}$=2500A，$I_n$=2000A，$I_{cs}$=65kA，3p |
| 1250 | 6 | 20.6 | 36.1 | 72.3 | 1804 | 30 | ACB，$I_{nm}$=2500A，$I_n$=2500A，$I_{cs}$=65kA，3p |
| | 8 | 20.6 | 36.1 | 72.3 | 1804 | 22.5 | |
| 1600 | 6 | 26.4 | 46.2 | 92.5 | 2309 | 38.4 | ACB，$I_{nm}$=4000A，$I_n$=3200A，$I_{cs}$=65kA，3p |
| | 8 | 26.4 | 46.2 | 92.5 | 2309 | 28.8 | |
| 2000 | 6 | 33.0 | 57.8 | 115.6 | 2887 | 48 | ACB，$I_{nm}$=4000A，$I_n$=4000A，$I_{cs}$=65kA，3p |
| | 8 | 33.0 | 57.8 | 115.6 | 2887 | 36 | |
| 2500 | 6 | 41.2 | 72.2 | 144.5 | 3609 | 60 | ACB，$I_{nm}$=6300A，$I_n$=5000A，$I_{cs}$=1000kA，3p |
| | 8 | 41.2 | 72.2 | 144.5 | 3609 | 45 | |

注：MCCB 为塑壳断路器，ACB 为框架断路器，$I_{nm}$ 为壳架等级电流，$I_n$ 为额定电流，$I_{cs}$ 为额定运行短路分断能力。

## 7.4 变压器低压侧出线选择

变压器低压侧出线选择见表7-2。

表7-2 变压器低压侧出线选择

| 变压器容量 /（kV·A） | 变压器低压侧出线选择 | | | |
|---|---|---|---|---|
| | 低压电缆 /mm² | | 低压铜母线 /mm² | 母线槽额定电流 /A |
| | VV | YJV | | |
| 200 | 3×240+1×120 | 3×150+1×95 | 4×（40×4） | |
| 250 | 2×（3×150+1×70） | 3×240+1×120 | 4×（40×4） | 630 |
| 315 | 2×（3×240+1×120） | 2×（3×150+1×95） | 4×（50×5） | 630 |
| 400 | 3×（3×185+1×95） | 2×（3×185+1×95） | 4×（50×5） | 800 |
| 500 | 3×（3×240+1×120） | 2×（3×240+1×120） | 4×（53×6.3） | 1000 |
| 630 | 3×（3×300+1×150） | 3×（3×240+1×120） | 3×（80×6.3）+1×（50×5） | 1250 |
| 800 | 4×（3×240+1×120） | 3×（3×300+1×150） | 3×（100×8）+1×（63×6.3） | 1600 |
| 1000 | | | 3×（100×10）+1×（80×6.3） | 2000 |
| 1250 | | | 3×（125×10）+1×（80×8） | 2500 |
| 1600 | | | 2×[3×（100×10）]+1×（100×10） | 3150 |
| 2000 | | | 3×[3×（100×10）]+2×（100×10） | 4000 |

# 8 配电室及自备电源

## 8.1 配电室

### 8.1.1 配电室靠近电源

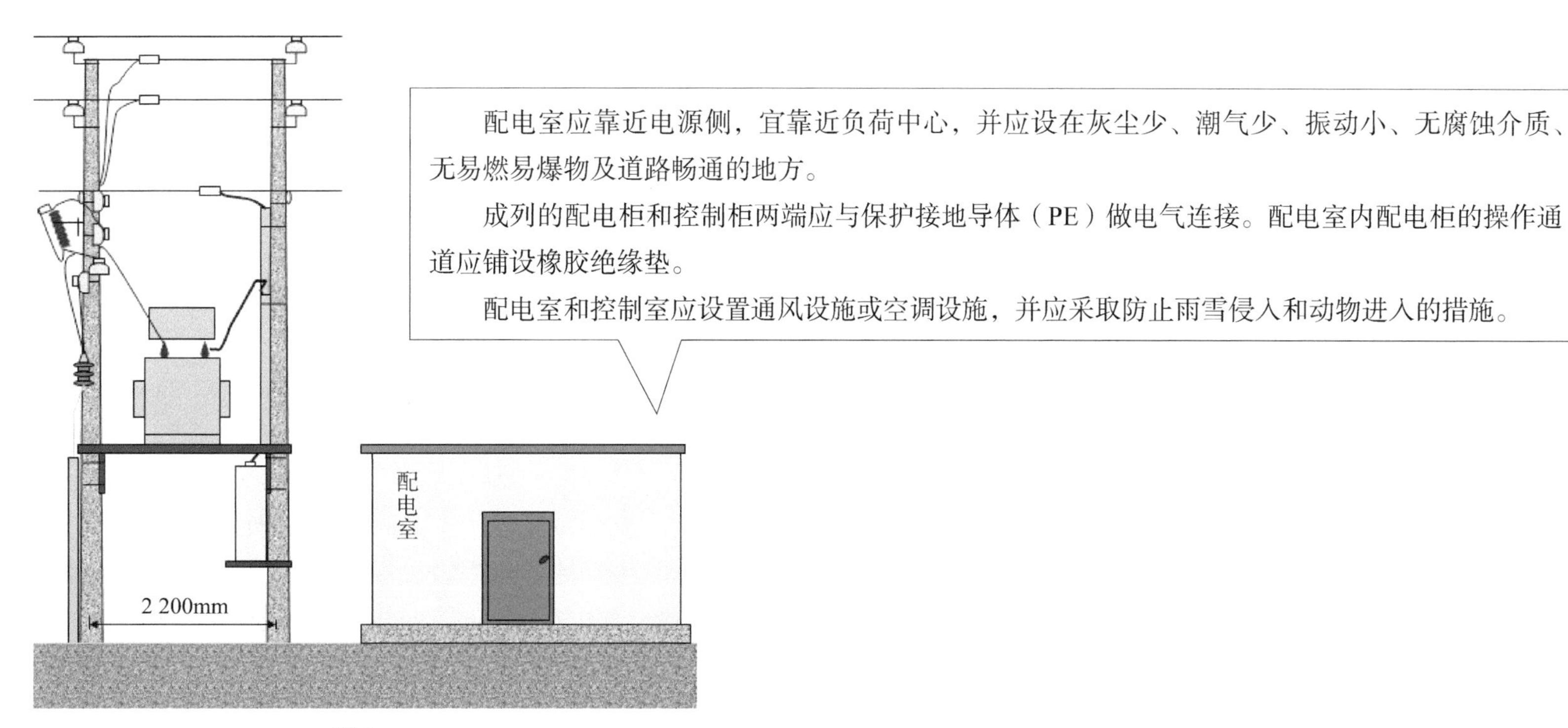


图 8-1

## 8.1.2 不同配电柜的距离要求1

成列的配电柜和控制柜两端应与保护接地导体（PE）做电气连接。配电室内配电柜的操作通道应铺设橡胶绝缘垫。配电柜正面的操作通道宽度，单列布置时不小于1.5m；配电柜后面的维护通道宽度，单列布置时不小于0.8m；配电柜侧面的维护通道宽度不小于1m。

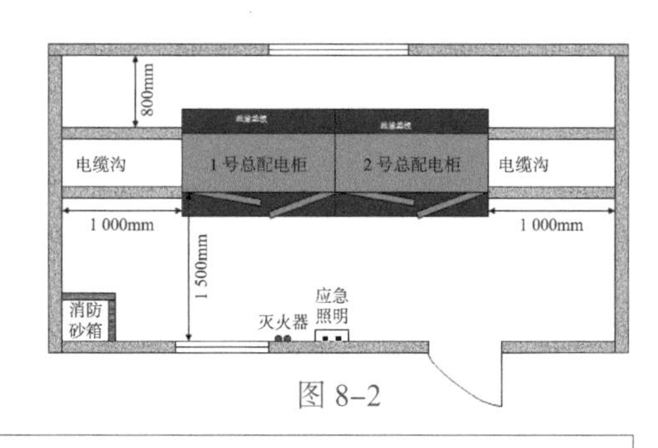

图 8-2

图 8-3

配电柜正面的操作通道宽度，双列背对背布置不小于1.5m；配电柜后面的维护通道宽度，双列背对背不小于1.5m；个别地点有建筑物结构凸出的地方，则此点通道宽度可减少0.2m；配电柜侧面的维护通道宽度不小于1m。

配电室的顶棚与地面的距离不应小于3m；配电室内设置值班或检修室时，其边缘距配电柜的水平距离应大于1m，并采取屏障隔离；配电室内的裸母线与地面垂直距离不大于2.5m时，应采用遮栏隔离，遮栏或外护物底部距地面的高度不应小于2.2m，配电装置的上端距顶棚不应低于0.5m；配电室的建筑物和构筑物的耐火等级不应低于3级，室内应配置砂箱和可用于扑灭电气火灾的灭火器材；配电室的门应向外开启，并配锁；配电室的照明应分别设置正常照明和应急照明。配电柜应装设电度表，并应装设电流表、电压表。电流表与计费电度表不得共用一组电流互感器。配电柜应装设电源隔离开关及短路、过负荷、剩余电流保护电器。电源隔离开关分断时应有明显可见分断点。剩余电流动作保护器可装设于总配电柜或各分配电柜，配电柜的电器配置与接线应符合总配电箱电器配置与接线的规定。配电柜或配电线路停电维修时，应挂接地线，并应悬挂“禁止合闸、有人工作”停电标识牌。停送电应由专人监护。配电室应保持整洁，不得堆放任何妨碍操作、维修的杂物。

## 8.1.3 不同配电柜的距离要求2

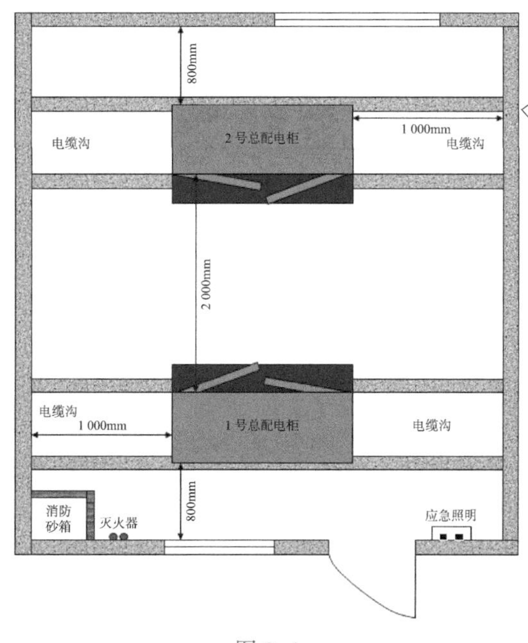


图 8-4

配电柜正面的操作通道宽度，双列面对面布置时不小于2m；配电柜后面的维护通道宽度，双列面对面布置时不小于2m，个别地点有建筑物结构凸出的地方，则此点通道宽度可减少0.2m；配电柜侧面的维护通道宽度不小于1m。

配电室应靠近电源，宜靠近负荷中心，并应设在灰尘少、潮气少、振动少无腐蚀介质、无易燃易爆物及道路畅通的地方，配电室应采用防止雨、雪侵入和动物进入的措施。配电室内设置值班或检修室时，该室边缘距配电柜的水平距离大于1m，并采取屏障隔离；配电室内的裸母线与地面垂直距离不大于2.5m时，应采用遮栏隔离，遮栏或外护物距地面高度不应低于2.2m；配电室内的母线涂刷有色油漆，以标识相序；以柜正面方向为基准，其涂色符合下表规定；配电室的建筑物和构筑物的耐火等级不应低于3级，室内应配置砂箱和可用于扑灭电气火灾的灭火器材；配电室的门应向外开，并应上锁；配电室的照明分别设置正常照明和事故照明。

| 相别 | 颜色 | 垂直排列 | 水平排列 | 引下排列 |
|---|---|---|---|---|
| $L_1$（A） | 黄 | 上 | 后 | 左 |
| $L_2$（B） | 绿 | 中 | 中 | 中 |
| $L_3$（C） | 红 | 下 | 前 | 右 |
| N | 淡蓝 | — | — | — |

# 8.2 自备电源

## 8.2.1 发电机俯视图

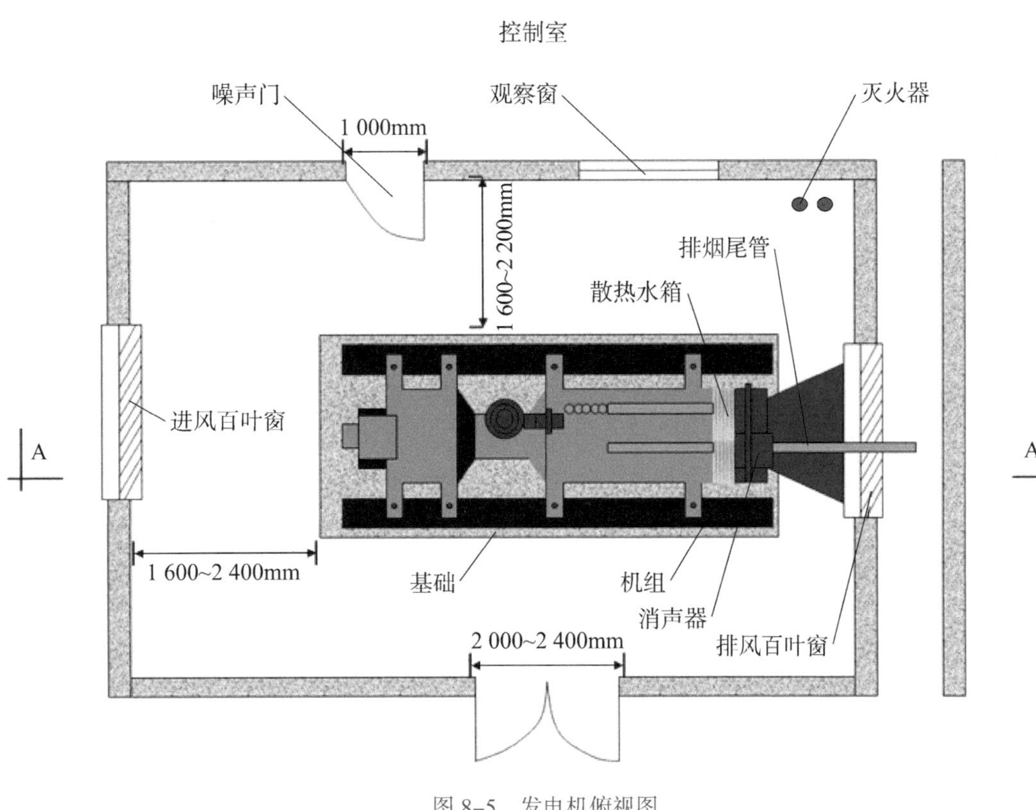


图 8-5 发电机俯视图

发电机组及其控制、配电、修理室等可分开设置；在保证电气安全距离和满足防火要求情况下可合并设置。发电机组的排烟管道应伸出室外。发电机组及其控制、配电室内应配置可用于扑灭电气火灾的灭火器，不得存放贮油桶。发电机组电源不得与市电线路电源并列运行。

发电机组应采用电源中性点直接接地的三相四线制供电系统和独立设置TN-S系统，其工作接地电阻值应符合标准相关规定。发电机供电系统应设置电源隔离开关及短路、过负荷、剩余电流动作保护电器。

当多台发电机组并列运行时，应装设同期装置，并在机组同步运行后再向负载供电。

## 8.2.2　发电机剖面图

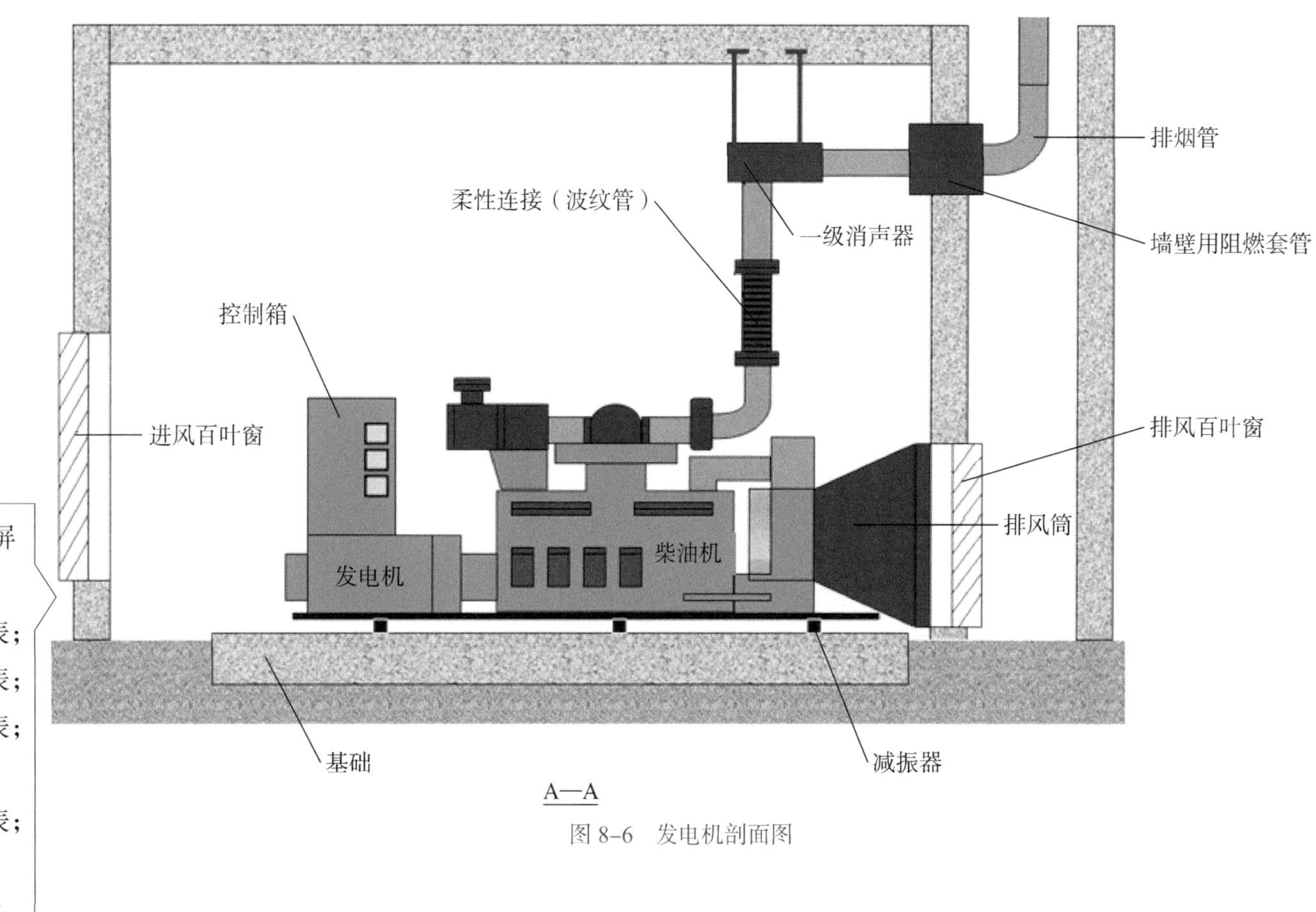


A—A

图 8-6　发电机剖面图

发电机的控制屏宜装设下列仪表：

（1）交流电压表；

（2）交流电流表；

（3）有功功率表；

（4）电度表；

（5）功率因数表；

（6）频率表；

（7）直流电流表。

### 8.2.3 柴油发电机组距墙的距离

柴油发电机组距墙的距离见表8-1。

表8-1 柴油发电机组距墙的距离（m）

| 项目 | | 容量/kW | | | | | |
|---|---|---|---|---|---|---|---|
| | | 64以下 | 75～150 | 200～400 | 500～1500 | 1600～2000 | 2100～2400 |
| 机组操作面 | A | 1.5 | 1.5 | 1.5 | 1.5～2.0 | 2.0～2.2 | 2.2 |
| 机组背面 | B | 1.5 | 1.5 | 1.5 | 1.8 | 1.8 | 2.0 |
| 柴油机端 | C | 0.7 | 0.7 | 1.0 | 1.0～1.5 | 1.5 | 1.5 |
| 机组间距 | D | 1.5 | 1.5 | 1.5 | 1.5～2.0 | 2.0～2.3 | 2.3 |
| 发电机端 | E | 1.5 | 1.5 | 1.5 | 1.8 | 1.8～2.2 | 2.2 |
| 机房净高 | H | 2.5 | 3.0 | 3.0 | 4.0～4.5 | 5.0～5.5 | 5.5 |

# 9 配电线路

## 9.1 架空线路

### 9.1.1 配线要求

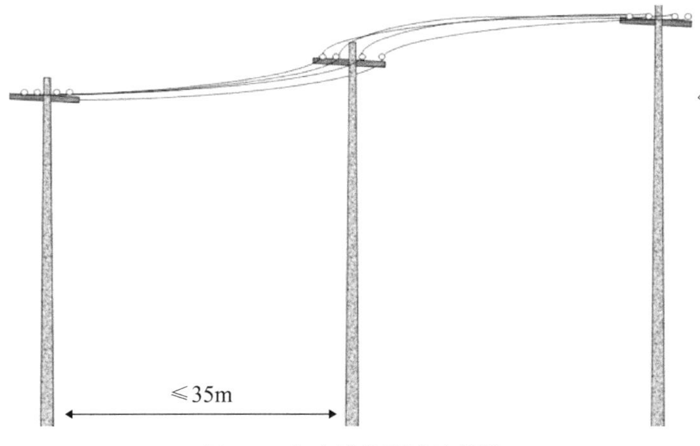


图 9-1 架空线路配线示意图

架空线路的档距不应大于35m。架空线路宜采用钢筋混凝土杆、木杆或绝缘材料杆。钢筋混凝土杆表面不得有露筋、宽度大于0.4mm的裂纹和扭曲；木杆内部不得腐蚀，其梢径不应小于140mm。架空线路应有短路保护和过负荷保护。

架空线应采用绝缘导线电缆。架空线应架设在专用电杆上，不得架设在树木、脚手架及其他设施上。

架空线导线截面的选择应符合下列规定：

（1）导线中的计算负荷电流不得大于其长期连续负荷允许载流量。

（2）线路末端电压偏移值应为其额定电压的±5%。

（3）三相四线制线路的中性导体（N）和保护接地导体（PE）截面面积不应小于相导体截面面积的50%，单相线路的中性导体（N）截面面积应与相导体截面面积相同。

（4）按机械强度要求，绝缘铜线截面面积不应小于10mm$^2$，绝缘铝线截面面积不应小于16mm$^2$。

（5）在跨越铁路、公路、河流、电力线路档距内，绝缘铜线截面面积不应小于16mm$^2$，绝缘铝线截面面积不应小于25mm$^2$。

架空线路在一个档距内，每层导线的接头数不得超过该层导线条数的50%，且一条导线最多只有一个接头。在跨越铁路、公路、河流、电力线路档距内，架空线路不得有接头。

### 9.1.2 相序要求

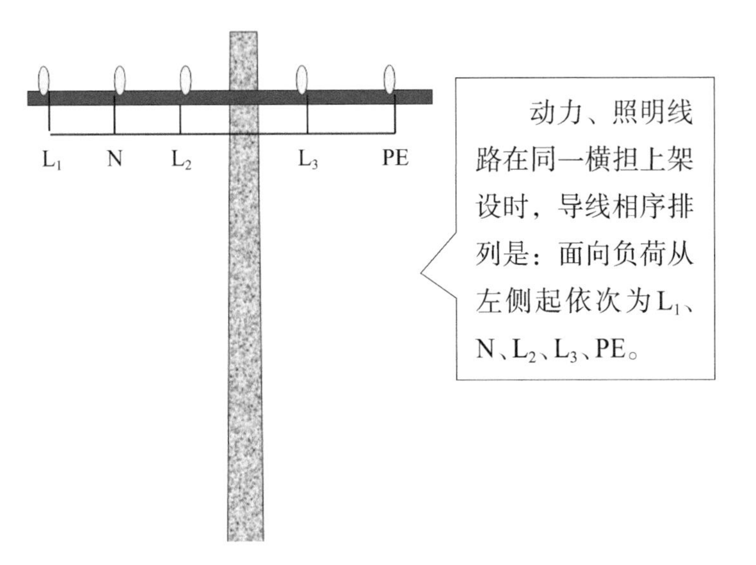


图 9-2 一层横担相序要求

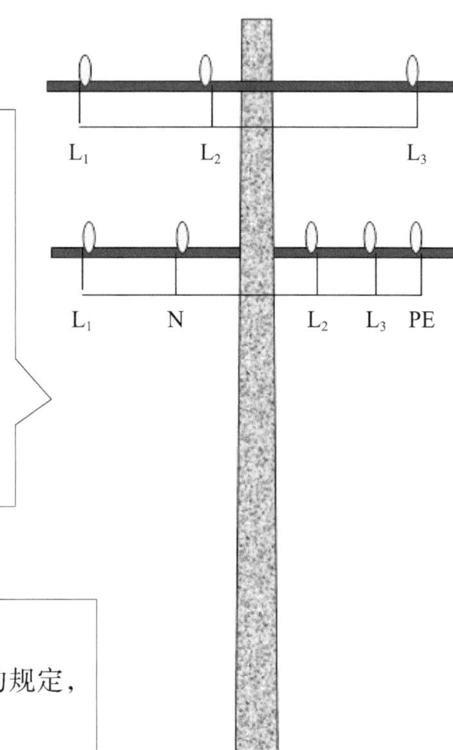


图 9-3 二层横担相序要求

架空线路的线间距不应小于0.3m，靠近电杆的两导线的间距不应小于0.5m。

依据现行国家标准《建设工程施工现场供用电安全规范》GB 50194—2014第7.2.5条的规定，架空线路导线相序排列应符合下列规定：

（1）1kV ～ 10kV线路：面向负荷从左侧起，导线排列相序应为$L_1$、$L_2$、$L_3$。

（2）1kV以下线路：面向负荷从左侧起，导线排列相序应为$L_1$、N、$L_2$、$L_3$、PE。

（3）电杆上的中性导体（N）应靠近电杆。若导线垂直排列时，中性导体（N）应在下方。中性导体（N）的位置不应高于同一回路的相导体。在同一地区内，中性导体（N）的排列应统一。

### 9.1.3 横担的相关要求及架空线路与邻近线路或固定物的距离要求

架空线路横担间的最小垂直距离不应小于表9–1所列数值；横担宜采用角钢或方木，低压铁横担角钢应按表9–2选用；方木横担截面应按80mm × 80mm选用，横担长度应按表9–3选用。架空线路与邻近线路或固定物的距离应符合表9–4的规定。

表 9–1 横担间的最小垂直距离

| 排列方式 | 直线杆 /m | 分支或转角杆 /m |
|---|---|---|
| 高压与低压 | 1.2 | 1.0 |
| 低压与低压 | 0.6 | 0.3 |

表 9–3 横担长度选用

| 横担长度 /m | | |
|---|---|---|
| 二线 | 三线、四线 | 五线 |
| 0.7 | 1.5 | 1.8 |

表 9–2 低压铁横担角钢选用

| 导线截面积 /mm² | 直线杆 | 分支或转角杆 | |
|---|---|---|---|
| | | 二线及三转 | 四线及以上 |
| 16<br>25<br>35<br>50 | ∟50 × 5 | 2 × ∟50 × 5 | 2 × ∟63 × 5 |
| 70<br>95<br>120 | ∟63 × 5 | 2 × ∟63 × 5 | 2 × ∟70 × 6 |

表 9–4 架空线路与邻近线路或固定物的距离

<table>
<tr><td>项目</td><td colspan="7">距离类别</td></tr>
<tr><td rowspan="2">最小净空距离 /m</td><td colspan="2">架空线路的过引线、接下线与邻线</td><td colspan="2">架空线与架空线，电杆外缘</td><td colspan="3">架空线与摆动最大时树梢</td></tr>
<tr><td colspan="2">0.13</td><td colspan="2">0.05</td><td colspan="3">0.50</td></tr>
<tr><td rowspan="3">最小垂直距离 /m</td><td rowspan="2">架空线同杆架设下方的通信、广播线路</td><td colspan="3">架空线最大弧垂与地面</td><td rowspan="2">架空线最大弧垂与暂设工程顶端</td><td colspan="2">架空线与邻近电力线路交叉</td></tr>
<tr><td>施工现场</td><td>机动车道</td><td>铁路轨道</td><td>1kV 以下</td><td>1kV ～ 10kV</td></tr>
<tr><td>1.0</td><td>4.0</td><td>6.0</td><td>7.5</td><td>2.5</td><td>1.2</td><td>2.5</td></tr>
<tr><td rowspan="2">最小水平距离 /m</td><td colspan="2">架空线电杆与路基边缘</td><td colspan="2">架空线电杆与铁路轨道边缘</td><td colspan="3">架空线边线与建筑物凸出部分</td></tr>
<tr><td colspan="2">1.0</td><td colspan="2">杆高 +3.0</td><td colspan="3">1.0</td></tr>
</table>

### 9.1.4 电线杆埋设与转角横担的要求

电杆埋设深度宜为杆长的1/10加0.6m，回填土应分层夯实。在松软土层处宜加大埋入深度或采用卡盘等加固措施。直线杆和15°以下的转角杆，可采用单横担单绝缘子，但跨越机动车道时应采用单横担双绝缘子；15°～45°的转角杆应采用双横担双绝缘子；45°以上的转角杆应采用十字横担。

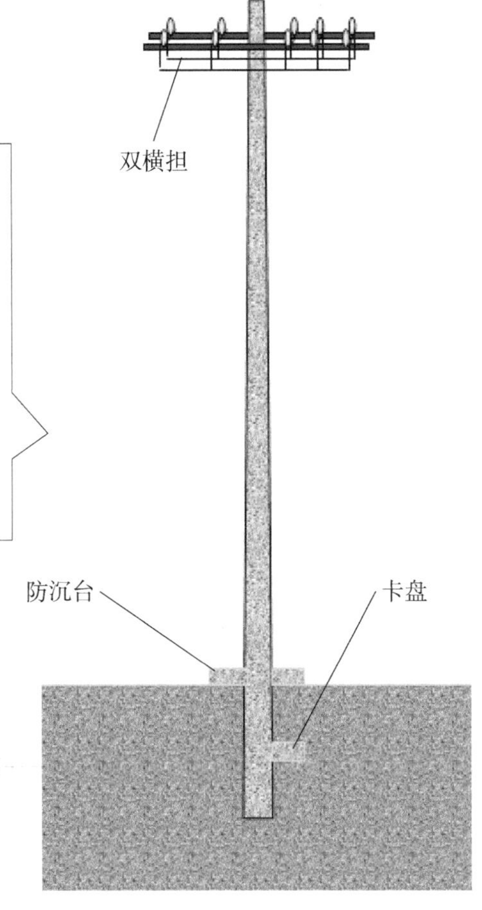


图 9-4

依据现行行业标准《架空绝缘配电线路施工及验收规程》DL/T 602—1996的规定，应将土块打碎，每回填500mm应夯实一次。回填土后的电杆坑应有防沉土台，其埋设高度应超过地面300mm，沥青路面或砌有水泥花砖的路面不留防沉土台。

依据现行行业标准《10kV及以下架空配电线路设计技术规程》DL/T 5220—2005的规定，转角杆的横担应根据受力情况确定。一般情况下，15°以下的转角杆，可采用单横担；15°～45°的转角杆，宜采用双横担；45°以上的转角杆，宜采用十字横担。

### 9.1.5 电线杆绝缘子与拉线的要求

架空线路绝缘子，直线杆采用针式绝缘子，耐张杆采用蝶式绝缘子。

电杆的拉线宜采用不少于3根直径4.0mm的镀锌钢丝。拉线与电杆的夹角应在30°～45°之间。拉线埋设深度不得小于1m。电杆拉线从导线之间穿过时，应在高于地面2.5m处设置绝缘子，受地形环境限制不能装设拉线时，可采用撑杆代替拉线，撑杆埋设深度不应小于0.8m，其底部应垫底盘或石块。撑杆与电杆的夹角宜为30°。

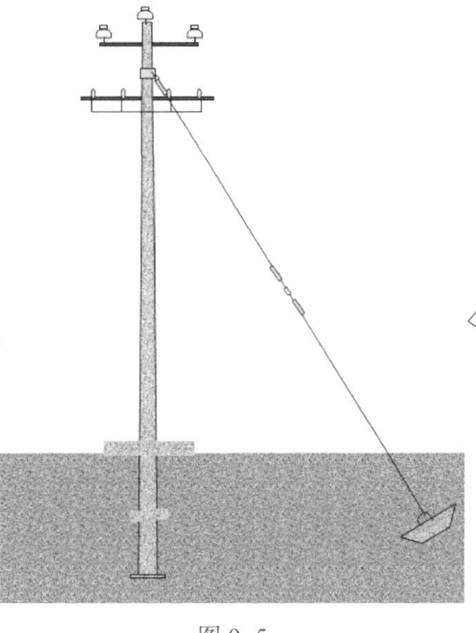

图 9-5

依据现行国家标准《建设工程施工现场供用电安全规范》GB 50194—2014的规定，拉线的设置应符合下列规定：

（1）拉线应采用镀锌钢绞线，最小规格不应小于35mm$^2$；

（2）拉线坑的深度不应小于1.2m，拉线坑的拉线侧应有斜坡；

（3）拉线应根据电杆的受力情况装设，拉线与电杆的夹角不宜小于45°，当受到地形限制时不得小于30°；

（4）拉线从导线之间穿过时应装设拉线绝缘子，在拉线断开时，绝缘子对地距离不得小于2.5m。

依据现行行业标准《10kV及以下架空配电线路设计技术规程》DL/T 5220—2005的规定，拉线应根据电杆的受力情况装设。拉线与电杆的夹角宜采用45°。当受地形限制可适当减小，且不应小于30°。电杆埋设深度应计算确定。单回路的配电线路电杆埋设深度宜采用表9-5所列数值。采用岩石制作的底盘、卡盘、拉线盘，应选择结构完整、质地坚硬的石料（如花岗岩等），且应进行试验和鉴定。

表 9-5 单回路电杆埋设深度（m）

| 杆长 | 8.0 | 9.0 | 10.0 | 11.0 | 12.0 | 13.0 | 15.0 |
|---|---|---|---|---|---|---|---|
| 埋深 | 1.5 | 1.6 | 1.7 | 1.8 | 1.9 | 2.0 | 2.3 |

## 9.1.6 线路保护

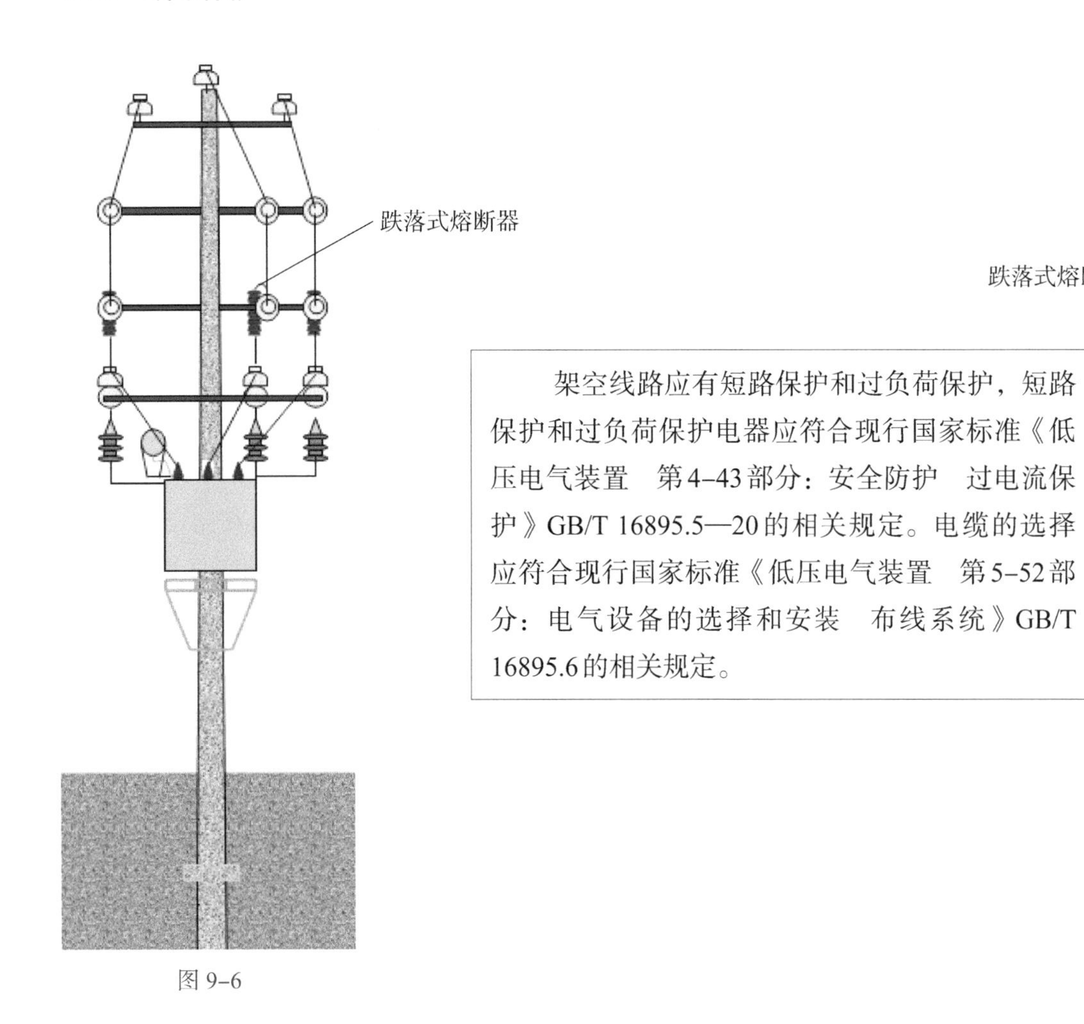


图 9-6

架空线路应有短路保护和过负荷保护，短路保护和过负荷保护电器应符合现行国家标准《低压电气装置 第4-43部分：安全防护 过电流保护》GB/T 16895.5—20的相关规定。电缆的选择应符合现行国家标准《低压电气装置 第5-52部分：电气设备的选择和安装 布线系统》GB/T 16895.6的相关规定。

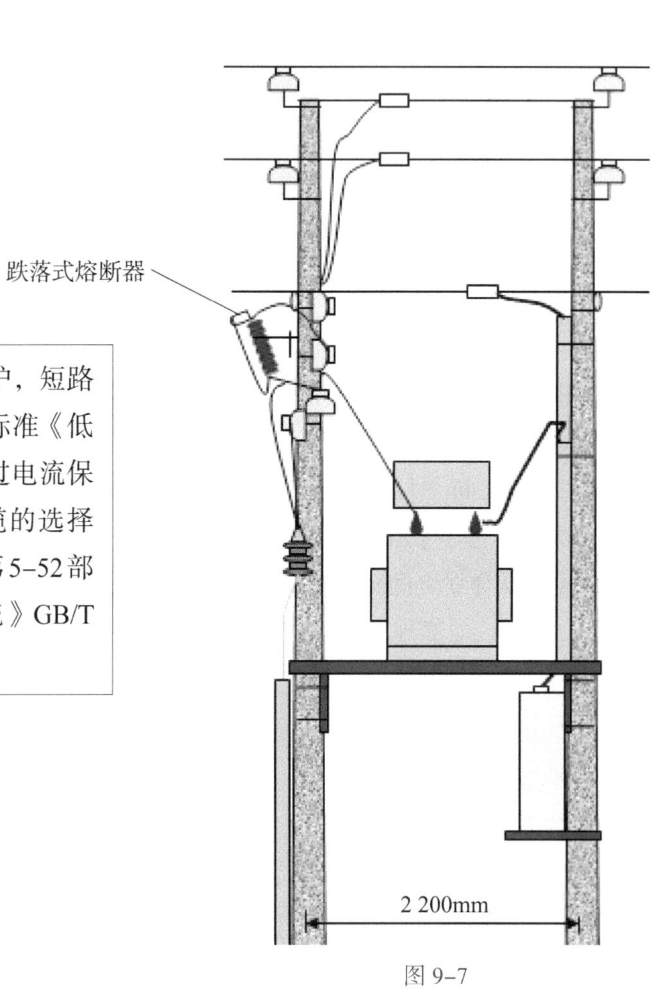


图 9-7

# 9.2　电缆线路

## 9.2.1　电缆颜色

图 9-8

电缆芯线应含全部工作导体和保护接地导体（PE），TN-S系统采用三相四线供电时应选用五芯电缆，采用单相供电时应选用三芯电缆。

中性导体（N）绝缘层应是淡蓝色，保护接地导体（PE）绝缘层应是绿 / 黄组合颜色，不得混用。

依据现行国家标准《额定电压450/750V及以下聚氯乙烯绝缘电缆　第1部分：一般要求》GB/T 5023.1—2008的规定，电缆的绝缘线芯应用着色绝缘或其他合适的方法识别，除用黄/绿组合色识别的绝缘线芯外，电缆的每一绝缘线芯应只用一种颜色。一般要求电缆绝缘线芯应采用着色绝缘或其他合适的方法识别。除黄/绿组合色外，电缆的每一线芯应只用一种颜色。任何多芯电缆不应使用红色、灰色、白色以及不是组合色用的绿色和黄色。

依据现行国家标准《建筑电气工程施工质量验收规范》GB 50303—2015的规定，当电缆敷设存在可能受到机械外力损伤、振动、浸水及腐蚀性或污染物质等损害时，应采取防护措施。电缆的首端、末端和分支处应设标识牌，直埋电缆应设标示桩。

## 9.2.2 电缆埋地

电缆线路应采用埋地或架空敷设，并应避免机械损伤和介质腐蚀。埋地电缆路径应设方位标识桩。电缆类型应根据敷设方式、环境条件等因素选择。埋地敷设宜选用铠装电缆，架空敷设宜选用无铠装电缆。当选用无铠装电缆时，应采取防水、防腐措施。电缆直接埋地敷设的深度不应小于0.7m，且应在电缆周围均匀敷设不小于50mm厚的细砂，然后覆盖砖或混凝土板等硬质保护层。埋地电缆在穿越建筑物、构筑物、道路、易受机械损伤、介质腐蚀场所及引出地面从2.0m高到地下0.2m处，应加设防护套管，防护套管内径不应小于电缆外径的1.5倍。埋地电缆与其附近外电电缆和管沟的平行间距不应小于2m，交叉间距不应小于1m。地下管网较多、较频繁开挖地段等区域不宜埋设电缆。埋地电缆的接头应设置在专用接线盒内，接线盒应具有防水、防尘、防机械损伤等特性，并应远离易燃、易爆、易腐蚀场所。

在施工程的电缆线路架设应符合下列规定：

（1）应采用电缆埋地敷设，严禁穿越脚手架引入；电缆垂直敷设应充分利用在施工程的竖井、垂直孔洞等，并宜靠近用电负荷中心，固定点每楼层不得少于1处。

（2）电缆水平敷设时宜沿墙或门口刚性固定，最大弧垂距地不应小于2.0m。

（3）装饰装修工程电源线可沿墙壁地面敷设，但应采取预防机械损伤和电气火灾措施。装饰装修工程施工阶段或其他特殊施工阶段应补充编制专项施工临时用电方案。

电缆线路应有短路保护和过负荷保护，短路保护和过负荷保护电器与电缆的选择应符合相关标准要求。

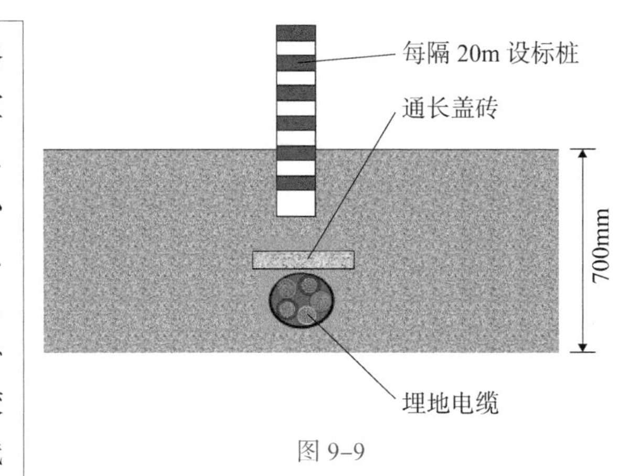


图9-9

## 9.3 室内配线

### 9.3.1 室内明设线路

室内配线应采用绝缘电线或电缆。室内配线可沿瓷瓶、塑料槽盒、钢索等明敷设，或穿保护导管暗敷设。潮湿环境或沿地面配线时，应穿保护导管敷设，管口和管接头应粘接牢固；当采用金属保护导管敷设时，金属保护导管应做等电位连接，且应与保护接地导体（PE）线相连接。室内明敷设主干线距地面不应小于2.5m。架空进户线的室外端应采用绝缘子固定，过墙处应穿套管保护，距地面高度不应小于2.5m，并应采取防雨措施。室内配线所用导线或电缆的截面积应根据用电设备或线路的计算负荷和计算机械强度确定，但铜导线截面积不应小于$2.5mm^2$，铝导线截面积不应小于$10mm^2$。

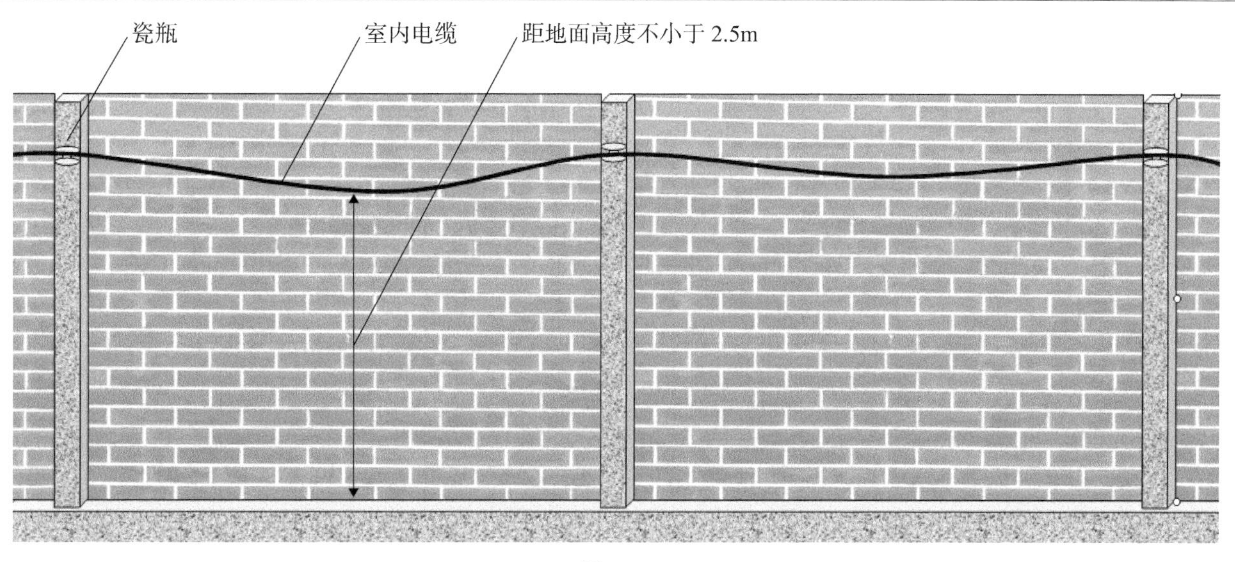


图 9-10

# 9.4 配线表格

## 9.4.1 电力线路合理输送功率和距离

电力线路合理输送功率和距离见表9-6。

表9-6 电力线路合理输送功率和距离

| 额定线电压 /kV | 线路结构 | 输送功率 /kW | 输送距离 /km |
|---|---|---|---|
| 0.22 | 架空线 | 50 以下 | 0.15 |
| | 电缆线 | 100 以下 | 0.20 |
| 0.38 | 架空线 | 100 以下 | 0.25 |
| | 电缆线 | 175 以下 | 0.35 |
| 6 | 架空线 | 2000 以下 | 5 ~ 10 |
| | 电缆线 | 3000 以下 | 8 以下 |
| 10 | 架空线 | 3000 以下 | 8 ~ 15 |
| | 电缆线 | 5000 以下 | 10 以下 |
| 35 | 架空线 | 2000 ~ 10000 以下 | 20 ~ 50 |

## 9.4.2 VV VLV电力电缆的持续载流量

VV VLV电力电缆的持续载流量见表9-7。

表9-7 VV VLV电力电缆的持续载流量（A）

| 型号 | VV VLV | | | | | | | | | | | | | | | | | | | | | | | |
|---|---|---|---|---|---|---|---|---|---|---|---|---|---|---|---|---|---|---|---|---|---|---|---|---|
| 额定电压/kV | 0.6/1 | | | | | | | | | | | | | | | | | | | | | | | |
| 导体工作温度/℃ | 70 | | | | | | | | | | | | | | | | | | | | | | | |
| 敷设方式 | 敷设在隔热墙中的导管内 | | | | | | | | 敷设在明敷的导管内 | | | | | | | | 敷设在空气中 | | | | | | | |
| 环境温度/℃ | 25 | | 30 | | 35 | | 40 | | 25 | | 30 | | 35 | | 40 | | 1 | | 1.5 | | 2 | | 2.5 | |
| 标称截面积/mm² | 铜 | 铝 | 铜 | 铝 | 铜 | 铝 | 铜 | 铝 | 铜 | 铝 | 铜 | 铝 | 铜 | 铝 | 铜 | 铝 | 铜 | 铝 | 铜 | 铝 | 铜 | 铝 | 铜 | 铝 |
| 1.5 | 13 | | 13 | | 12 | | 11 | | 15 | | 15 | | 14 | | 13 | | 19 | | 18 | | 16 | | 15 | |
| 2.5 | 18 | 13 | 17 | 13 | 15 | 12 | 14 | 11 | 21 | 15 | 20 | 15 | 18 | 14 | 17 | 13 | 26 | 20 | 25 | 19 | 23 | 17 | 21 | 16 |
| 4 | 24 | 18 | 23 | 17 | 21 | 15 | 20 | 14 | 28 | 22 | 27 | 21 | 25 | 19 | 23 | 18 | 36 | 27 | 34 | 26 | 31 | 24 | 29 | 22 |
| 6 | 30 | 24 | 29 | 23 | 27 | 21 | 25 | 20 | 36 | 28 | 34 | 27 | 31 | 25 | 29 | 23 | 45 | 34 | 43 | 33 | 40 | 31 | 37 | 28 |
| 10 | 41 | 32 | 39 | 31 | 36 | 29 | 33 | 26 | 48 | 38 | 46 | 36 | 43 | 33 | 40 | 40 | 63 | 48 | 60 | 46 | 56 | 43 | 52 | 40 |
| 16 | 55 | 43 | 52 | 41 | 48 | 38 | 45 | 35 | 65 | 50 | 62 | 48 | 58 | 45 | 53 | 41 | 84 | 64 | 80 | 61 | 75 | 57 | 69 | 53 |
| 25 | 72 | 56 | 68 | 53 | 63 | 49 | 59 | 46 | 84 | 65 | 80 | 62 | 75 | 58 | 69 | 53 | 107 | 82 | 101 | 78 | 94 | 73 | 87 | 67 |
| 35 | 87 | 68 | 83 | 65 | 78 | 61 | 72 | 56 | 104 | 81 | 99 | 77 | 93 | 72 | 86 | 66 | 133 | 101 | 126 | 96 | 118 | 90 | 109 | 83 |
| 50 | 104 | 82 | 99 | 78 | 93 | 73 | 86 | 67 | 125 | 97 | 118 | 92 | 110 | 86 | 102 | 80 | 162 | 124 | 153 | 117 | 143 | 109 | 133 | 101 |
| 70 | 132 | 103 | 125 | 98 | 117 | 92 | 108 | 85 | 157 | 122 | 149 | 116 | 140 | 109 | 129 | 100 | 207 | 159 | 196 | 150 | 184 | 141 | 170 | 130 |
| 95 | 159 | 125 | 150 | 118 | 141 | 110 | 130 | 102 | 189 | 147 | 179 | 139 | 168 | 130 | 155 | 120 | 252 | 193 | 238 | 183 | 223 | 172 | 207 | 159 |
| 120 | 182 | 143 | 172 | 135 | 161 | 126 | 149 | 117 | 218 | 169 | 206 | 160 | 193 | 150 | 179 | 139 | 292 | 224 | 276 | 212 | 256 | 199 | 240 | 184 |
| 150 | 207 | 164 | 196 | 155 | 184 | 145 | 170 | 134 | 238 | 186 | 225 | 176 | 211 | 165 | 195 | 153 | 338 | 259 | 319 | 245 | 299 | 230 | 277 | 213 |
| 185 | 236 | 186 | 223 | 176 | 209 | 165 | 194 | 153 | 270 | 210 | 255 | 199 | 239 | 187 | 221 | 173 | 385 | 296 | 364 | 280 | 342 | 263 | 316 | 243 |
| 240 | 276 | 219 | 261 | 207 | 245 | 194 | 227 | 180 | 314 | 245 | 297 | 232 | 279 | 218 | 258 | 201 | 455 | 349 | 430 | 330 | 404 | 310 | 374 | 287 |
| 300 | 315 | 251 | 298 | 237 | 280 | 222 | 259 | 206 | 359 | 280 | 339 | 265 | 318 | 249 | 294 | 230 | 526 | 403 | 497 | 381 | 467 | 358 | 432 | 331 |

续表 9–7

| 型号 | VV VLV | | | | | | | | VV22 VLV22 | | | | | | | |
|---|---|---|---|---|---|---|---|---|---|---|---|---|---|---|---|---|
| 额定电压 /kV | 0.6/1 | | | | | | | | 0.6/1 | | | | | | | |
| 导体工作温度 /℃ | 70 | | | | | | | | 70 | | | | | | | |
| 敷设方式 | 敷设在埋地的管槽内 | | | | | | | | 敷设在土壤中 | | | | | | | |
| 土壤热阻系数 /［（m・K）/W］ | 1 | | 1.5 | | 2 | | 2.5 | | 1 | | 1.5 | | 2 | | 2.5 | |
| 环境温度 /℃ | 20 | | | | | | | | 20 | | | | | | | |
| 标称截面积 /mm$^2$ | 铜 | 铝 | 铜 | 铝 | 铜 | 铝 | 铜 | 铝 | 铜 | 铝 | 铜 | 铝 | 铜 | 铝 | 铜 | 铝 |
| 1.5 | 21 | | 19 | | 18 | | 18 | | 28 | | 24 | | 21 | | 19 | |
| 2.5 | 28 | 21 | 26 | 19 | 25 | 18 | 24 | 18 | 36 | | 30 | | 26 | | 24 | |
| 4 | 35 | 28 | 33 | 26 | 31 | 25 | 30 | 24 | 49 | | 42 | | 36 | | 33 | |
| 6 | 44 | 35 | 41 | 33 | 39 | 31 | 38 | 30 | 61 | | 52 | | 45 | | 41 | |
| 10 | 59 | 46 | 55 | 42 | 52 | 40 | 50 | 39 | 81 | | 69 | | 60 | | 54 | |
| 16 | 75 | 59 | 70 | 55 | 67 | 52 | 64 | 50 | 105 | 79 | 89 | 67 | 78 | 59 | 70 | 53 |
| 25 | 96 | 75 | 90 | 70 | 86 | 67 | 82 | 64 | 138 | 103 | 117 | 88 | 103 | 77 | 92 | 69 |
| 35 | 115 | 90 | 107 | 84 | 102 | 80 | 98 | 77 | 165 | 124 | 140 | 106 | 123 | 92 | 110 | 83 |
| 50 | 136 | 107 | 127 | 100 | 121 | 95 | 116 | 91 | 195 | 148 | 166 | 126 | 145 | 110 | 130 | 99 |
| 70 | 168 | 132 | 157 | 123 | 150 | 117 | 143 | 112 | 243 | 183 | 207 | 156 | 181 | 136 | 162 | 122 |
| 95 | 199 | 155 | 185 | 145 | 177 | 138 | 169 | 132 | 289 | 222 | 247 | 189 | 216 | 165 | 193 | 148 |
| 120 | 226 | 177 | 211 | 165 | 201 | 157 | 192 | 150 | 330 | 253 | 281 | 216 | 246 | 189 | 220 | 169 |
| 150 | 256 | 199 | 238 | 185 | 227 | 177 | 217 | 169 | 369 | 283 | 314 | 241 | 275 | 211 | 246 | 189 |
| 185 | 288 | 224 | 267 | 200 | 255 | 199 | 243 | 190 | 417 | 321 | 355 | 273 | 311 | 239 | 278 | 214 |
| 240 | 330 | 257 | 308 | 239 | 294 | 228 | 280 | 218 | 480 | 375 | 409 | 320 | 358 | 280 | 320 | 250 |
| 300 | 372 | 291 | 347 | 271 | 331 | 259 | 316 | 247 | 538 | 423 | 459 | 380 | 402 | 315 | 359 | 282 |

### 9.4.3 YJV YJLV电力电缆的持续载流量

YJV YJLV电力电缆的持续载流量见表9-8。

表9-8 YJV YJLV电力电缆的持续载流量（A）

| 型号 | YJV YJLV | | | | | | | | | | | | | | | | | | | | | | | |
|---|---|---|---|---|---|---|---|---|---|---|---|---|---|---|---|---|---|---|---|---|---|---|---|---|
| 额定电压/kV | 0.6/1 | | | | | | | | | | | | | | | | | | | | | | | |
| 导体工作温度/℃ | 90 | | | | | | | | | | | | | | | | | | | | | | | |
| 敷设方式 | 敷设在隔热墙中的导管内 | | | | | | | | 敷设在明敷的导管内 | | | | | | | | 敷设在空气中 | | | | | | | |
| 环境温度/℃ | 25 | | 30 | | 35 | | 40 | | 25 | | 30 | | 35 | | 40 | | 25 | | 30 | | 35 | | 40 | |
| 标称截面积/mm$^2$ | 铜 | 铝 | 铜 | 铝 | 铜 | 铝 | 铜 | 铝 | 铜 | 铝 | 铜 | 铝 | 铜 | 铝 | 铜 | 铝 | 铜 | 铝 | 铜 | 铝 | 铜 | 铝 | 铜 | 铝 |
| 1.5 | 16 | | 16 | | 15 | | 14 | | 19 | | 19 | | 18 | | 17 | | 23 | | 23 | | 22 | | 20 | |
| 2.5 | 22 | 18 | 22 | 18 | 21 | 17 | 20 | 16 | 27 | 21 | 26 | 21 | 24 | 20 | 23 | 19 | 33 | 24 | 32 | 24 | 30 | 23 | 29 | 21 |
| 4 | 31 | 24 | 30 | 24 | 28 | 23 | 27 | 21 | 36 | 29 | 35 | 28 | 33 | 26 | 31 | 25 | 43 | 33 | 42 | 32 | 40 | 30 | 38 | 29 |
| 6 | 39 | 32 | 38 | 31 | 36 | 29 | 34 | 28 | 45 | 36 | 44 | 35 | 42 | 33 | 40 | 31 | 56 | 43 | 54 | 42 | 51 | 40 | 49 | 38 |
| 10 | 53 | 42 | 51 | 41 | 48 | 39 | 46 | 37 | 62 | 49 | 60 | 48 | 57 | 46 | 54 | 43 | 78 | 60 | 75 | 58 | 72 | 55 | 68 | 52 |
| 16 | 70 | 57 | 68 | 55 | 65 | 52 | 61 | 50 | 83 | 66 | 80 | 64 | 76 | 61 | 72 | 58 | 104 | 80 | 100 | 77 | 96 | 73 | 91 | 70 |
| 25 | 92 | 73 | 89 | 71 | 85 | 68 | 80 | 64 | 109 | 87 | 105 | 84 | 100 | 80 | 95 | 76 | 132 | 100 | 127 | 97 | 121 | 93 | 115 | 88 |
| 35 | 113 | 90 | 109 | 87 | 104 | 83 | 99 | 79 | 133 | 107 | 128 | 103 | 122 | 98 | 116 | 93 | 164 | 124 | 158 | 120 | 151 | 115 | 143 | 109 |
| 50 | 135 | 108 | 130 | 104 | 124 | 99 | 118 | 94 | 160 | 128 | 154 | 124 | 147 | 119 | 140 | 112 | 199 | 151 | 192 | 146 | 184 | 140 | 174 | 132 |
| 70 | 170 | 136 | 164 | 131 | 157 | 125 | 149 | 119 | 201 | 162 | 194 | 156 | 186 | 149 | 176 | 141 | 255 | 194 | 246 | 187 | 236 | 179 | 223 | 170 |
| 95 | 204 | 163 | 197 | 157 | 189 | 150 | 179 | 142 | 242 | 195 | 233 | 188 | 223 | 180 | 212 | 171 | 309 | 236 | 298 | 221 | 286 | 217 | 271 | 206 |
| 120 | 236 | 187 | 227 | 180 | 217 | 172 | 206 | 163 | 278 | 224 | 268 | 216 | 257 | 207 | 243 | 196 | 359 | 273 | 346 | 263 | 332 | 252 | 314 | 239 |
| 150 | 269 | 214 | 259 | 206 | 248 | 197 | 235 | 187 | 312 | 249 | 300 | 240 | 288 | 230 | 273 | 218 | 414 | 316 | 399 | 304 | 383 | 291 | 363 | 276 |
| 185 | 308 | 242 | 295 | 233 | 283 | 223 | 268 | 212 | 353 | 282 | 340 | 272 | 326 | 261 | 309 | 247 | 474 | 360 | 456 | 347 | 437 | 333 | 414 | 315 |
| 240 | 359 | 283 | 346 | 273 | 332 | 262 | 314 | 248 | 413 | 330 | 398 | 318 | 382 | 305 | 362 | 289 | 559 | 425 | 538 | 409 | 516 | 392 | 489 | 372 |
| 300 | 411 | 325 | 396 | 313 | 380 | 300 | 360 | 284 | 473 | 378 | 455 | 364 | 436 | 349 | 414 | 331 | 645 | 489 | 621 | 471 | 596 | 452 | 565 | 428 |

续表 9-8

| 型号 | YJV YJLV | | | | | | | | YJV22 YJLV22 | | | | | | | |
|---|---|---|---|---|---|---|---|---|---|---|---|---|---|---|---|---|
| 额定电压 /kV | 0.6/1 | | | | | | | | 0.6/1 | | | | | | | |
| 导体工作温度 /℃ | 90 | | | | | | | | 90 | | | | | | | |
| 敷设方式 | 敷设在埋地的管槽内 | | | | | | | | 敷设在土壤中 | | | | | | | |
| 土壤热阻系数 /［（m·K）/W］ | 1 | | 1.5 | | 2 | | 2.5 | | 1 | | 1.5 | | 2 | | 2.5 | |
| 环境温度 /℃ | 20 | | | | | | | | 20 | | | | | | | |
| 标称截面积 /$mm^2$ | 铜 | 铝 | 铜 | 铝 | 铜 | 铝 | 铜 | 铝 | 铜 | 铝 | 铜 | 铝 | 铜 | 铝 | 铜 | 铝 |
| 1.5 | 24 | | 23 | | 22 | | 21 | | 34 | | 29 | | 25 | | 23 | |
| 2.5 | 35 | 25 | 30 | 24 | 29 | 23 | 28 | 22 | 45 | | 38 | | 33 | | 30 | |
| 4 | 42 | 33 | 39 | 30 | 37 | 29 | 36 | 28 | 58 | | 49 | | 43 | | 39 | |
| 6 | 51 | 41 | 48 | 38 | 46 | 36 | 44 | 35 | 73 | | 62 | | 54 | | 49 | |
| 10 | 68 | 54 | 63 | 50 | 60 | 48 | 58 | 46 | 97 | | 83 | | 72 | | 65 | |
| 16 | 88 | 69 | 82 | 64 | 78 | 61 | 75 | 59 | 126 | 96 | 107 | 81 | 94 | 71 | 84 | 64 |
| 25 | 113 | 88 | 105 | 82 | 100 | 78 | 96 | 75 | 160 | 123 | 136 | 104 | 119 | 91 | 107 | 82 |
| 35 | 135 | 106 | 126 | 99 | 120 | 94 | 115 | 90 | 193 | 147 | 165 | 125 | 144 | 109 | 129 | 98 |
| 50 | 159 | 125 | 148 | 116 | 141 | 111 | 135 | 106 | 229 | 175 | 195 | 149 | 171 | 131 | 153 | 117 |
| 70 | 197 | 153 | 183 | 143 | 175 | 136 | 167 | 130 | 282 | 261 | 240 | 184 | 210 | 161 | 188 | 144 |
| 95 | 232 | 181 | 216 | 169 | 206 | 161 | 197 | 154 | 339 | 258 | 289 | 220 | 253 | 192 | 226 | 172 |
| 120 | 263 | 205 | 245 | 191 | 234 | 182 | 223 | 174 | 385 | 295 | 328 | 252 | 287 | 220 | 257 | 197 |
| 150 | 296 | 232 | 276 | 216 | 263 | 206 | 251 | 197 | 430 | 330 | 367 | 281 | 321 | 246 | 287 | 220 |
| 185 | 331 | 259 | 309 | 242 | 295 | 231 | 281 | 220 | 486 | 375 | 414 | 320 | 362 | 280 | 324 | 250 |
| 240 | 382 | 298 | 356 | 278 | 340 | 265 | 324 | 253 | 562 | 435 | 480 | 371 | 420 | 324 | 375 | 290 |
| 300 | 430 | 337 | 401 | 314 | 383 | 300 | 365 | 286 | 628 | 489 | 536 | 417 | 469 | 465 | 419 | 326 |

### 9.4.4 电动机负荷线和电器选配

电动机直接启动，保护器及导线选择见表9-9。

表 9-9 电动机直接启动，保护器及导线选择

| 额定功率 /kW | 额定电流 /A | 启动电流 /A | 轻载及一般负载全压启动 | | | | | | WDZ-BYJ 型导线截面积 /$mm^2$（工作温度 90°C，环境温度 35°C）及钢管直径 /mm |
|---|---|---|---|---|---|---|---|---|---|
| | | | 熔断体 /A | | 断器及额定电流 /A | | 接触器额定电流 /A | 热继电器整定电流 /A | |
| | | | 局部范围电动机回路保护 | 一般用途保护 | 长延时 | 瞬时 | | | |
| 0.37 | 1.00 | 4.2 | 4 | 4 | 1.6 | 21 | 9 | 0.8 ～ 1.2 | 4 × 1.5 SC15/JDG20 |
| 0.55 | 1.42 | 6.8 | 4 | 4 | 2.5 | 32 | 9 | 1.2 ～ 1.8 | |
| 0.75 | 1.91 | 12.2 | 4 | 6 | 4 | 50 | 9 | 1.8 ～ 2.6 | |
| 1.1 | 2.67 | 16.8 | 4 | 8 | 6 | 80 | 12 | 2.6 ～ 3.8 | |
| 1.5 | 3.53 | 23.3 | 6 | 10 | 6 | 80 | 18 | 3.2 ～ 4.8 | |
| 2.2 | 4.84 | 32.4 | 8 | 12 | 10 | 125 | 25 | 4 ～ 6 | 4 × 2.5 SC15/JDG20 |
| 3 | 6.58 | 48.0 | 10 | 16 | 10 | 125 | 32 | 5 ～ 7 | |
| 4 | 8.46 | 60.1 | 12 | 20 | 10 | 125 | 32 | 7 ～ 10 | |
| 5.5 | 11.5 | 75.5 | 16 | 25 | 16 | 200 | 38 | 10 ～ 14 | |
| 7.5 | 15.9 | 108 | 25 | 32 | 25 | 320 | 38 | 14 ～ 18 | 4 × 4 SC20/JDG25 |
| 11 | 22.7 | 159 | 32 | 50 | 32 | 400 | 40 | 21 ～ 29 | 4 × 6 SC20/JDG25 |
| 15 | 29.9 | 221 | 40 | 63 | 40 | 630 | 40 | 24 ～ 36 | 4 × 10 SC25/JDG32 |
| 18.5 | 37.1 | 293 | 50 | 80 | 50 | 630 | 50 | 33 ～ 47 | 4 × 10 SC25/JDG32 |
| 22 | 44.5 | 387 | 63 | 80 | 63 | 800 | 65 | 40 ～ 55 | 4 × 10 SC32/JDG40 |

续表 9-9

| 额定功率 /kW | 额定电流 /A | 启动电流 /A | 轻载及一般负载全压启动 | | | | | | WDZ-BYJ 型导线截面积 /mm$^2$（工作温度 90°C，环境温度 35°C）及钢管直径 /mm |
|---|---|---|---|---|---|---|---|---|---|
| | | | 熔断体 /A | | 断器及额定电流 /A | | 接触器额定电流 /A | 热继电器整定电流 /A | |
| | | | 局部范围电动机回路保护 | 一般用途保护 | 长延时 | 瞬时 | | | |
| 30 | 55.8 | 382 | 80 | 125 | 80 | 1000 | 80 | 55 ～ 71 | 3×25+1×16　SC40 |
| 37 | 71.3 | 492 | 100 | 125 | 100 | 1250 | 95 | 63 ～ 84 | 3×35+1×16　SC50 |
| 45 | 87.4 | 655 | 125 | 160 | 125 | 1600 | 110 | 80 ～ 110 | 3×50+1×25　SC50 |
| 55 | 105 | 745 | 125 | 160 | 125 | 1600 | 150 | 90 ～ 130 | 3×70+1×35　SC65 |
| 75 | 142 | 1107 | 160 | 200 | 160 | 2000 | 185 | 130 ～ 170 | 3×95+1×50　SC80 |
| 90 | 167 | 1302 | 200 | 315 | 200 | 2500 | 225 | 130 ～ 195 | 3×95+1×50　SC80 |
| 110 | 203 | 1319 | 250 | 315 | 250 | 3200 | 265 | 167 ～ 250 | 3×120+1×70　SC100 |
| 132 | 242 | 1549 | 315 | 400 | 315 | 4000 | 265 | 200 ～ 330 | 2（3×70+1×35）　2SC65 |
| 160 | 297 | 1960 | 400 | 500 | 400 | 5000 | 330 | 250 ～ 350 | 2（3×120+1×70）　2SC100 |
| 200 | 366 | 2342 | 450 | 500 | 450 | 6300 | 400 | 320 ～ 480 | |

电机Y/△启动，保护器及导线选择见表9–10。

表 9–10 电机 Y/△启动，保护器及导线选择

| 三相异步电动机 | | | 断路器 | | 接触器 | | | 热继电器 | WDZ–BYJ 型导线截面 /$mm^2$（工作温度 90℃，环境温度 35℃）及钢管直径 /mm | 导管管径或线槽规格 /mm | |
|---|---|---|---|---|---|---|---|---|---|---|---|
| 额定功率 /kW | 额定电流 /A | 启动电流 /A | 长延时脱扣器 额定电流 /A | 瞬时脱扣器 动作电流 /A | 额定工作电流（AC–3）/A 主电路 | Y 启动 | △运行 | 电流整定范围 /A | 电路回路 / 启动转换回路 /$mm^2$ | 金属导管 SC | 金属导管 JDG |
| 7.5 | 15.9 | 108 | 25 | 320 | 16 | 9 | 16 | 8 ~ 12 | （5×4）/（7×4） | 20/20 | 25/25 |
| 11 | 22.7 | 159 | 32 | 400 | 20 | 12 | 20 | 12 ~ 17 | （5×6）/（7×4） | 25/25 | 32/32 |
| 15 | 29.9 | 221 | 40 | 630 | 25 | 16 | 25 | 17 ~ 25 | （5×10）/（7×6） | 32/25 | 40/32 |
| 18.5 | 37.1 | 293 | 50 | 630 | 32 | 25 | 32 | 21 ~ 29 | （5×10）/（7×6） | 32/25 | 40/32 |
| 22 | 44.5 | 387 | 63 | 800 | 37 | 25 | 37 | 24 ~ 36 | （5×16）/（7×10） | 32/32 | 40/40 |
| 30 | 58.8 | 382 | 80 | 1000 | 50 | 25 | 50 | 32 ~ 41 | （3×25+2×16）/（7×16） | 50/40 | |
| 37 | 71.3 | 492 | 100 | 1250 | 65 | 32 | 65 | 38 ~ 55 | （3×35+2×16）/（7×16） | 50/40 | |
| 45 | 87.4 | 655 | 125 | 1600 | 75 | 50 | 75 | 47 ~ 62 | （3×50+2×25）/（7×25） | 65/50 | |
| 55 | 105 | 745 | 160 | 960 ~ 2080 | 95 | 65 | 95 | 55 ~ 80 | （3×70+2×35）/（7×35） | 80/65 | |
| 75 | 142 | 1107 | 160 | 2000 | 110 | 65 | 110 | 74 ~ 98 | （3×95+2×50）/（7×50） | 100×100 | |
| 90 | 167 | 1302 | 200 | 2500 | 145 | 75 | 145 | 90 ~ 130 | （3×95+2×50）/（7×70） | | |
| 110 | 203 | 1319 | 250 | 3200 | 185 | 95 | 185 | 110 ~ 150 | （3×120+2×70）/（7×70） | 200×200 | |
| 132 | 242 | 1549 | 315 | 210 | 210 | 110 | 210 | 130 ~ 170 | 2（3×70+2×35）/（6×95+1×70） | | |
| 160 | 297 | 1960 | 400 | 260 | 260 | 145 | 260 | 160 ~ 225 | 2（3×120+2×70）/（7×120） | | |

# 10　外电线路及电气设备防护

## 10.1　外电线路防护

### 10.1.1　外电线路下方

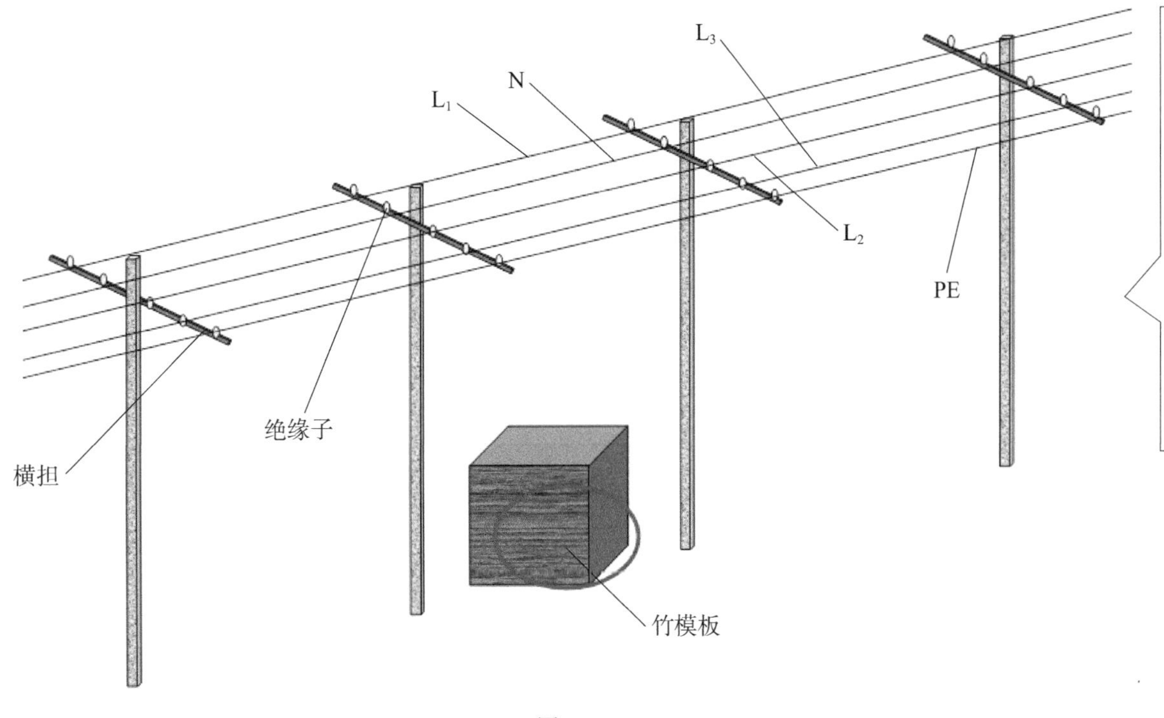


在施工程外电架空线路正下方不得有人作业、建造生活设施，或堆放建筑材料、周转材料及其他杂物等。

现行国家标准《电击防护装置和设备的通用部分》GB/T 17045—2020对施工现场作业人员可能发生直接触电的隔离防护进行了规定。

图 10-1

### 10.1.2 外电线路与脚手架的安全距离

在施工程（含脚手架）的周边与外电架空线路的边线之间的最小安全操作距离应符合下列规定：

＜1kV外电线路电压等级，最小安全操作距离为7.0m；

1kV ~ 10kV外电线路电压等级，最小安全操作距离为8.0m；

35kV ~ 110kV外电线路电压等级，最小安全操作距离为8.0m；220kV外电线路电压等级，最小安全操作距离为10m；330kV ~ 500kV外电线路电压等级，最小安全操作距离为15 m。上、下脚手架的斜道不宜设在有外电线路的一侧。

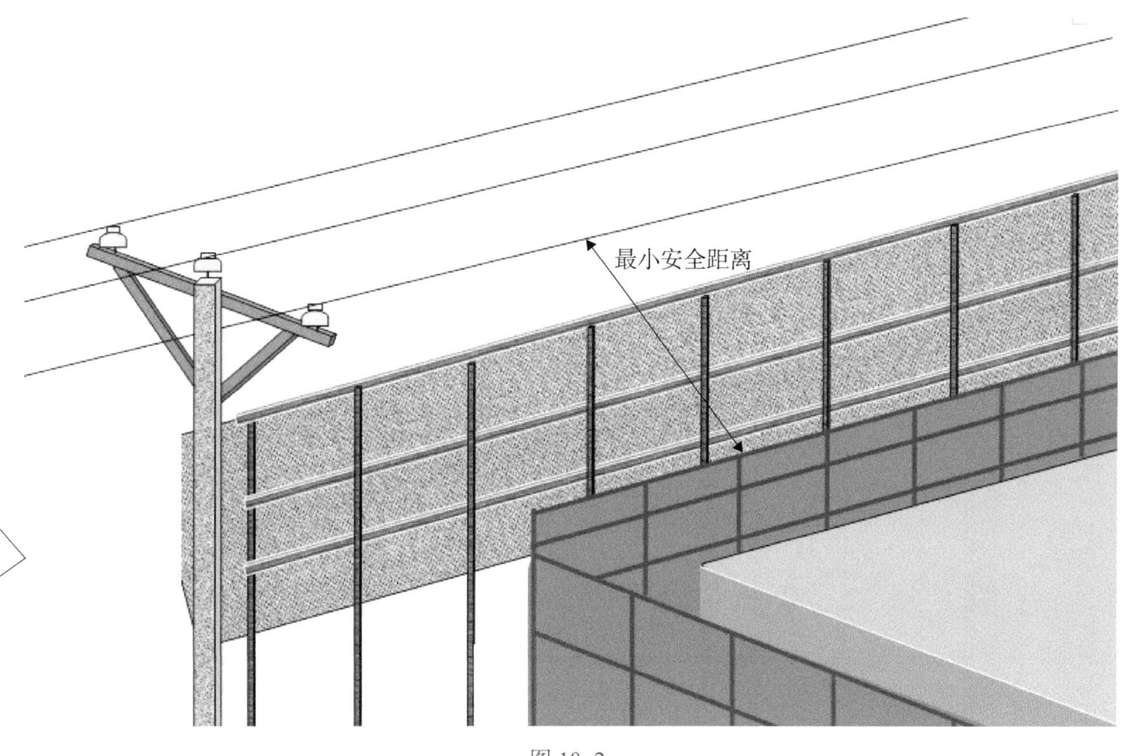


图 10-2

## 10.1.3 外电线路与机动车道垂直距离

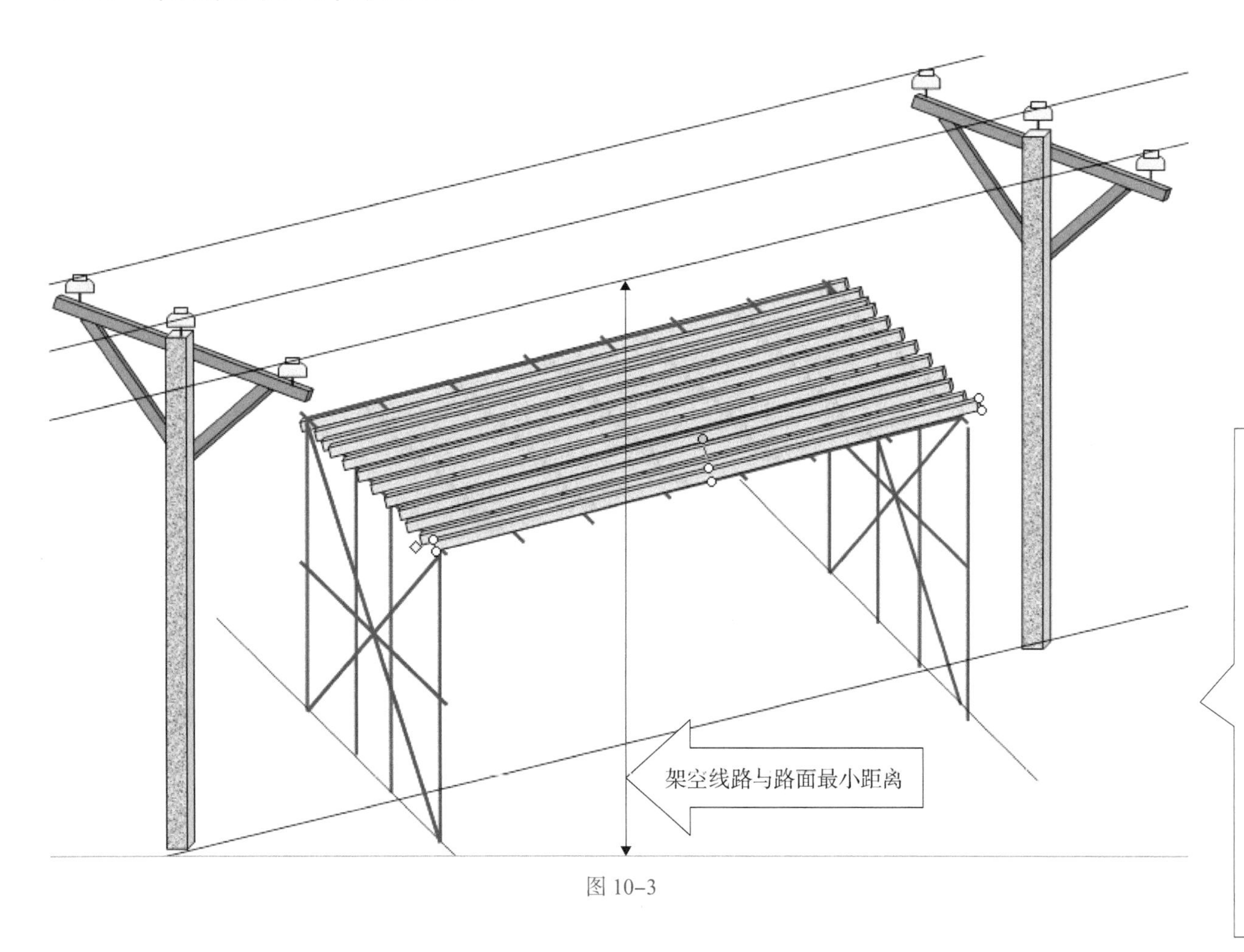


图 10-3

施工现场的机动车道与外电架空线路交叉时，架空线路的最低点与路面的最小垂直距离：< 1kV 外电线路电压等级，最小垂直距离为 5m；1kV ~ 10kV 外电线路电压等级，最小垂直距离为 7m；35kV 外电线路电压等级，最小垂直距离为 7m。

### 10.1.4 塔式起重机械的吊具或被吊物体端部与架空线路边线之间的最小安全距离

起重机不得越过无防护设施的外电架空线路作业。在外电架空线路附近吊装时，塔式起重机的吊具或被吊物体端部与架空线路边线之间的最小安全距离：<1kV 外电线路电压等级，安全距离沿垂直方向 1.5m，沿水平方向 1.5m；10kV 外电线路电压等级，安全距离沿垂直方向为 3m，沿水平方向为 2m；35kV 外电线路电压等级，安全距离沿垂直方向为 4m，沿水平方向为 3.5m；110kV 外电线路电压等级，安全距离沿垂直方向为 5m，沿水平方向为 4m；220kV 外电线路电压等级，安全距离沿垂直方向为 6m，沿水平方向为 6m；330kV 外电线路电压等级，安全距离沿垂直方向为 7m，沿水平方向为 7m；500kV 外电线路电压等级安全距离沿垂直方向为 8.5m，沿水平方向为 8.5m。

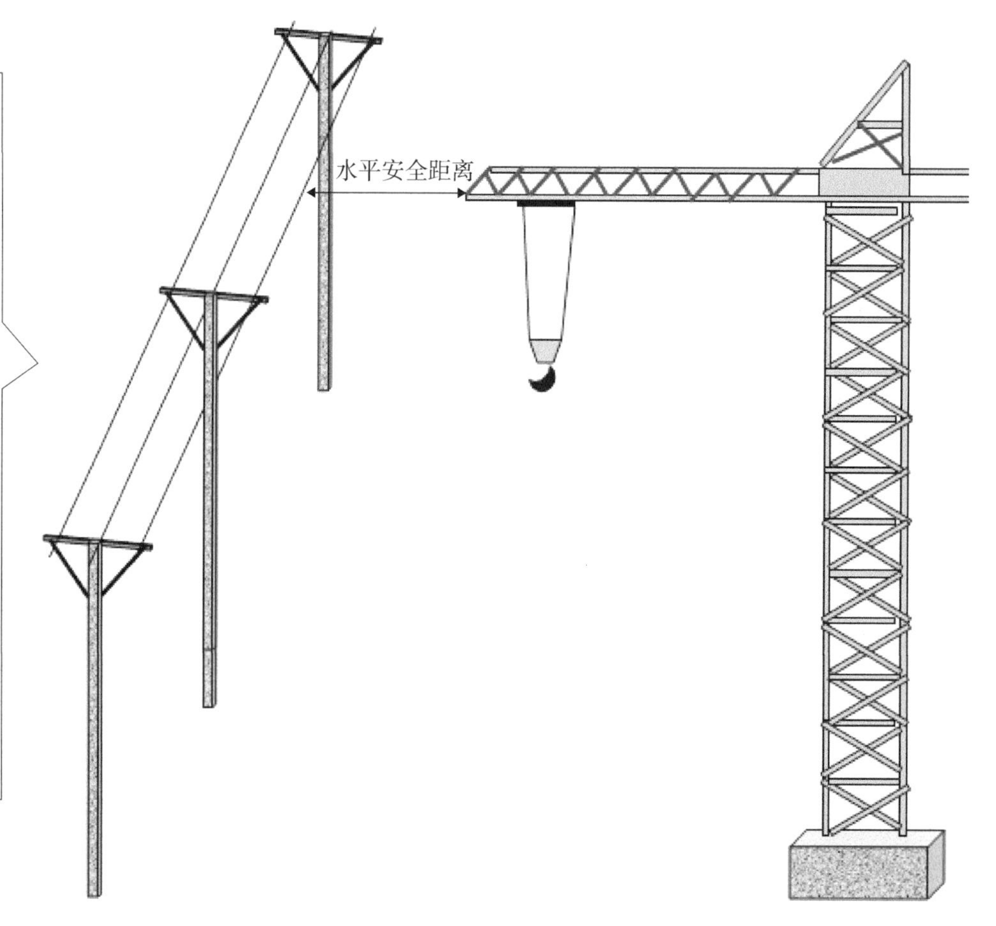


图 10-4

## 10.1.5 外电防护与外电线路的安全距离

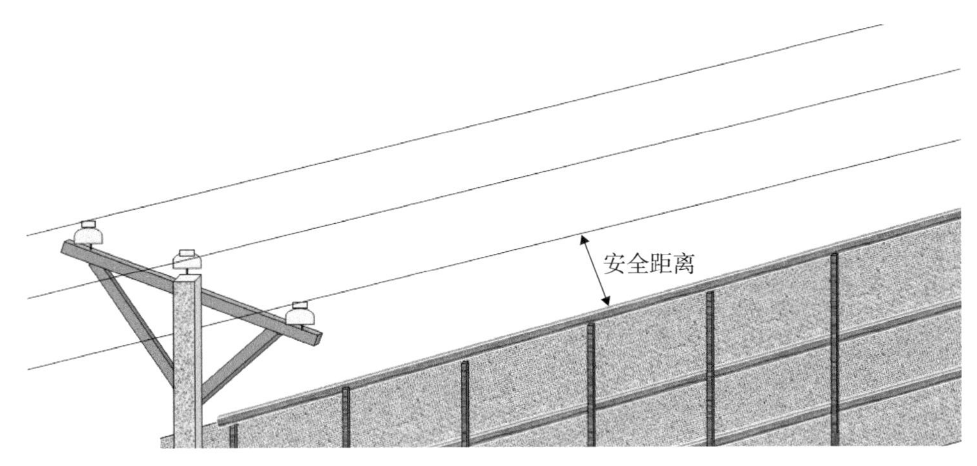


图 10-5

施工现场开挖沟槽边缘与外电埋地电缆沟槽边缘之间的距离不应小于0.5m。当达不到要求时，应采取绝缘隔离防护措施，并应悬挂醒目的警告标识。架设防护设施时，应经有关部门批准，采用线路暂时停电或其他可靠的安全技术措施，并应有电气工程技术人员和专职安全人员监护。防护设施与外电线路边线之间的安全距离：≤ 10kV外电线路电压等级，最小安全距离为2m；35kV外电线路电压等级，最小安全距离为3.5m；110kV外电线路电压等级，最小安全距离为4m；220kV外电线路电压等级，最小安全距离为5m；330kV外电线路电压等级，最小安全距离为6m；500kV外电线路电压等级，最小安全距离为7m。当防护措施不能实现时，应与有关供电部门协商，采取停电、迁移外电线路等措施，当在外电架空线路附近开挖沟槽时，施工现场应设有专人巡视，并采取加固措施，防止外电架空线路电杆倾斜、悬倒。

## 10.2　电气设备防护

电气设备现场周围不得存放易燃易爆物、污染源和腐蚀介质，并应采取防护措施，其防护等级应与环境条件相适应。

电气设备设置场所应采取防护措施，避免物体打击和机械损伤。

针对施工现场电气设备露天设置及各工种交叉作业实际，为防止电气设备因机械损伤而引发电气事故，施工现场配电箱防护棚的设置应符合下列规定：

（1）总配电箱、分配电箱防护棚宜选用方钢制作，立杆不小于30mm×30mm、壁厚不小于2.5mm；栏杆不小于25mm×25mm、壁厚不小于2mm，栏杆间距不大于120mm，栏杆涂刷红白相间警示色。

（2）防护棚正面设栅栏门，门向外开启，并上锁。防护棚正面悬挂操作规章制度牌，且负责人姓名、联系电话，安全警示标识等齐全；从节约资源角度，建议采用方钢加工制作施工现场配电箱防护棚，对施工现场临时用电标准化管理。

（3）总配电箱防护棚高为2.8m，宽为1.5～2m，分配电箱防护栏高为2.2m，宽为2m。

（4）防护棚上部应配置防护板，其排水坡度不小于5%，防护板与防护栏顶部间距为300mm，应起到防雨、防砸等作用。

（5）防护棚应设置混凝土挡水台，距地面高度不低于300mm，其表面应抹平、阴阳角顺直，总配电箱、分配电箱防护栏应接地可靠。落地式配电箱的底部应抬高，高出地面的高度，室内不应低于50mm，室外不应低于200mm；其底座周围应采取封闭措施，并应能防止鼠、蛇类等小动物进入箱内。

（6）防护棚内应配置砂箱及消防器材。

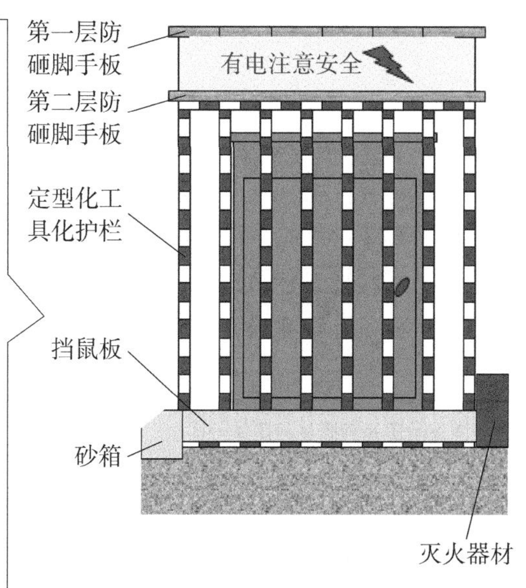


图 10-6

# 11 照明

## 11.1 一般规定

在坑、洞、井、隧道、管廊、厂房、仓库、地下室等自然采光差的场所或需要夜间施工的场所，应设一般照明或混合照明。在一个工作场所内，不得只设局部照明。停电后，操作人员需及时撤离施工现场，必须装设自备电源的应急照明。现场照明应采用高光效、长寿命的照明光源，对需大面积照明的场所，宜采用安全节能型光源。照明器的选择应符合下列规定：

（1）潮湿场所应选用密闭型防水照明器。

（2）含有大量尘埃且无爆炸和火灾危险的场所，应选用防尘型照明器。

（3）有爆炸和火灾危险的场所，应按危险场所等级选用防爆型照明器。

（4）存在较强振动的场所，应选用防振型照明器。

（5）有酸碱等强腐蚀介质场所，应选用耐酸、碱型照明器。

照明器具和器材的质量应符合国家现行有关标准的规定，不应使用绝缘老化或破损的器具和器材。无自然采光的地下大空间施工场所，应编制单项照明用电方案。

## 11.2 照明供电

一般场所宜选用额定电压为220V的照明器。远离电源的小面积工作场地、道路照明、警卫照明或额定电压为12 ～ 36V照明的场所，其电压允许偏移值应为额定电压值的－10% ～ +5%；其他场所电压允许偏移值为额定电压值的±5%。照明变压器应使用双绕组型安全隔离变压器，照明系统宜使三相负荷平衡，其中每一单相回路上，灯具和插座数量不宜超过25个，工作电流不宜超过16A。携带式变压器的一次侧电源线应采用橡皮护套或塑料护套铜芯软电缆，中间不得有接头，长度不宜超过3m，其中绿/黄组合双色线只可作保护接地导体（PE）使用，电源插头应有保护触头。

下列特殊场所应使用安全特低电压照明器：①隧道、人防工程、高温、有导电灰尘、潮湿场所的照明，电源电压不应大于AC 36V；②灯具离地面高度少于2.5m场所照明，电源电压不应大于AC 36V；③易触及带电体场所的照明，电源电压不应大于AC 24V；④导电良好的地面、锅炉或金属容器等受限空间作业的照明，电源电压不应大于AC 12V。

使用行灯应符合下列规定：①电源电压不应大于36V；②灯体与手柄应连接牢固、绝缘良好并耐热防水；③灯头应与灯体结合牢固，灯头不应设置开关；④灯头外部应有金属保护网；⑤金属保护网、反光罩、悬吊挂钩应固定在灯具的绝缘部位上。

中性导体截面应按下列规定选择：①单相供电时，中性导体截面与相导体截面相同；②三相四线制线路中，当照明器为节能灯具时，中性导体截面不应小于相导体截面的50%；当照明器为气体放电灯时，中性导体截面应与最大负载相导体截面相同；③在逐相切断的三相照明电路中，中性导体截面应与最大负载相导体截面相同。

## 11.3 照明装置

照明灯具的金属外壳应与保护接地导体（PE）做电气连接，照明开关箱内应装设隔离开关、短路与过载保护电器和剩余电流动作保护器。室外220V灯具距地面不应少于3m，室内220V灯具距地面不应低于2.5m。普通灯具与易燃物距离不宜小于300mm；自身发热较高的灯具与易燃物距离不宜小于500mm，且不得直接照射易燃物。达不到上述安全距离时，应采取隔热措施。路灯的每个灯具应单独装设熔断器保护，灯头线应做防水弯。荧光灯具应采用吸顶安装或用吊链悬挂安装。荧光灯具的镇流器不得安装在易燃的结构物上。钠、铊、铟等金属卤化物灯具距地面的安装高度宜在3m以上，灯线应固定在接线柱上，安装不得靠近灯具表面。投光灯的底座应安装牢固，并应按需要的投光方向将枢轴拧紧固定。

螺口灯头及其接线应符合下列要求：①灯头的绝缘外壳应完好无破损；②相线应接在与中心触头相连的一端，中性导体应接在与螺纹口相连的一端。灯具内的接线应牢固，灯具外的接线应采用防水绝缘胶布包扎。灯具的相线应经开关控制，不得将相线直接引入灯具接线端子。对夜间影响飞机或车辆通行的在施工程及机械设备，应设置醒目的红色信号灯，其电源应设在施工现场总电源开关的电源侧提供。

# 12 临时用电工程管理

## 12.1 临时用电工程组织设计

施工现场临时用电设备在5台及以上或设备总容量在50kW及以上者，应编制用电工程组织设计（施工现场临时用电方案）。

临时用电工程图纸应单独绘制，临时用电工程应按图施工。临时用电工程组织设计编制及变更时，应按照《危险性较大的分部分项工程安全管理规定》的要求履行“编制、审核、审批”程序。变更临时用电工程组织设计时，应补充有关图纸资料。

临时用电工程应经总承包单位和分包单位共同验收，合格后方可使用。

临时用电工程组织设计应在现场勘测和确定电源进线，变电所或配电室位置及线路走向后进行，并应包括下列内容：

（1）工程概况。

（2）编制依据。

（3）施工现场用电容量统计。

（4）负荷计算。

（5）选择变压器。

（6）设计配电系统和装置：①设计配电线路，选择电线或电缆；②设计配电装置，选择电器；③设计接地装置；④设计防雷装置；⑤绘制临时用电工程图纸，主要包括用电工程总平面图、配电装置布置图、配电系统接线图、接地装置设计图。

（7）确定防护措施。

（8）制定安全用电措施和电气防火措施。

（9）制定临时用电设施拆除措施。

（10）制定应急预案，并开展演练。

【案例】

为了简单明了地表现出临时用电施工组织设计的相关内容，特以一个施工现场为例详细叙述。该施工现场有7个施工设备，包括塔式起重机、自落式混凝土搅拌机、钢筋调直机、钢筋切断机、钢筋弯曲机、木工圆锯、木压刨板机，这7个设备只从一个总箱至分箱处引出。

**一、工程概况**

（1）工程所在施工现场范围内施工前无各种埋地管线。

（2）现场采用380V低压供电，设1个配电总箱（内有计量设备）、1个分配电箱，7个开关箱控制7台设备。采用TN-S系统供电。

**二、编制依据**

编制依据为《建筑与市政工程施工现场临时用电安全技术标准》JGJ/T 46—2024。

**三、施工现场用电容量统计表**

施工现场用电容量统计表见表12-1。[①]

表12-1 施工现场用电容量统计表

| 序号 | 设备名称 | 需要系数 $K_x$ | 额定功率因素 $\cos\varphi$ | $\tan\varphi$ | 计算功率 $P_e$/kW | 有功计算负荷 $P_{js}$/kW $P_{js}=K_x\times P_e$ | 照明设备：有功计算负荷 $P_{js}$/kW $P_{js}=K_x\times P_e\times$ 功率损耗系数 | 无功计算负荷 $Q_{js}$/kvar |
|---|---|---|---|---|---|---|---|---|
| 1 | 塔式起重机 | 0.7 | 0.65 | 1.169 | 40.098 | 28.07 | — | 32.82 |
| 2 | 自落式混凝土搅拌机 | 0.75 | 0.85 | 0.62 | 7.5 | 5.62 | — | 3.49 |
| 3 | 钢筋调直机 | 0.65 | 0.7 | 1.02 | 4 | 2.6 | — | 2.65 |
| 4 | 钢筋切断机 | 0.65 | 0.7 | 1.02 | 7 | 4.55 | — | 4.64 |

① 注：如果设备为吊车电动机、电焊机等反复短时制用电设备，需要进行暂载率换算，$P_e=n\times(J_c/J_{c1})^{0.5}\times P_n$，其中 $J_c$ 为铭牌暂载率，$J_{c1}$ 为实际暂载率；$Q_{js}=P_{js}\times\tan\varphi$

续表 12-1

| 序号 | 设备名称 | 需要系数 $K_x$ | 额定功率因素 $\cos\varphi$ | $\tan\varphi$ | 计算功率 $P_e$/kW | 有功计算负荷 $P_{js}$/kW $P_{js}=K_x\times P_e$ | 照明设备：有功计算负荷 $P_{js}$/kW $P_{js}=K_x\times P_e\times$ 功率损耗系数 | 无功计算负荷 $Q_{js}$/kvar |
|---|---|---|---|---|---|---|---|---|
| 5 | 钢筋弯曲机 | 0.65 | 0.7 | 1.02 | 3 | 1.95 | — | 1.99 |
| 6 | 木工圆锯 | 0.65 | 0.6 | 1.333 | 3 | 1.95 | — | 2.6 |
| 7 | 木压刨板机 | 0.65 | 0.6 | 1.333 | 3 | 1.95 | — | 2.6 |

## 四、负荷计算

总的计算负荷计算时，总箱同期系数取$K_x$=0.95。

总的有功功率：

$P_{js}=K_x\times\Sigma P_{js}=0.95\times(28.07+5.62+2.6+4.55+1.95+1.95+1.95)=44.3555$（kW）

总的无功功率：

$Q_{js}=K_x\times\Sigma Q_{js}=0.95\times(32.82+3.49+2.65+4.64+1.99+2.6+2.6)=48.2505$（kvar）

总的视在功率：

$S_{js}=(P_{js}^2+Q_{js}^2)^{1/2}=(44.3555^2+48.2505^2)^{1/2}=65.54023$（kV·A）

总的计算电流：

$I_{js}=S_{js}/(1.732\times U_e)=65.54023/(1.732\times 0.38)=99.58$（A）

## 五、选择变压器

根据总的视在功率与最大干线功率（以单个开关箱的最大功率逐级计算选择）比较取大值，选择SL7-80/10型三相电力变压器，它的容量为80kV·A＞65.54kV·A，能够满足使用要求，其高压侧电压为10kV，同施工现场外的高压架空线路的电压级别一致。

## 六、设计配电系统和配置

（一）设计配电线路，选择导线或电缆

（1）塔式起重机开关箱至塔式起重机导线截面及开关箱内电气设备选择（开关箱以下用电器启动后需要系数取1）：

1）计算电流：

$K_x$=1，cos$\varphi$=0.65，tan$\varphi$=1.17

$I_{js}=K_x\times P_e/(1.732\times U_e\times\cos\varphi)=1\times40.1/(1.732\times0.38\times0.65)=93.73$（A）

2）选择导线：选择YJLV−3×25+2×16，温度25℃空气中架空线路时其安全载流量为100A。室外架空铝芯导线按机械强度的最小截面为16mm²，满足要求。

3）选择电气设备：选择开关箱内隔离开关为HR3−100/100，其熔体额定电流$I_r$为100A，漏电保护器为DZ20L−160/100。

（2）自落式混凝土搅拌机开关箱至自落式混凝土搅拌机导线截面及开关箱内电气设备选择（开关箱以下用电器启动后需要系数取1）：

1）计算电流：

$K_x$=1，cos$\varphi$=0.85，tan$\varphi$=0.62

$I_{js}=K_x\times P_e/(1.732\times U_e\times\cos\varphi)=1\times7.5/(1.732\times0.38\times0.85)=13.41$（A）

2）选择导线：选择YJLV−3×16+2×16，温度25℃空气中架空线路时，其安全载流量为80A。室外架空铝芯导线按机械强度的最小截面为16mm²，满足要求。

3）选择电气设备：选择开关箱内隔离开关为HR3−100/30，其熔体额定电流$I_r$为30A，漏电保护器为DZ15LE−40/15。

（3）钢筋调直机开关箱至钢筋调直机导线截面及开关箱内电气设备选择（开关箱以下用电器启动后需要系数取1）：

1）计算电流：

$K_x$=1，cos$\varphi$=0.7，tan$\varphi$=1.02

$I_{js}=K_x\times P_e/(1.732\times U_e\times\cos\varphi)=1\times4/(1.732\times0.38\times0.7)=8.68$（A）

2）选择导线：选择YJLV−3×16+2×16，温度25℃空气中架空线路时，其安全载流量为80A。室外架空铝芯导线按机械强度的最小截面为16mm²，满足要求。

3）选择电气设备：选择开关箱内隔离开关为HR3−100/30，其熔体额定电流$I_r$为30A，漏电保护器为DZ15LE−40/10。

（4）钢筋切断机开关箱至钢筋切断机导线截面及开关箱内电气设备选择（开关箱以下用电器启动后需要系数取1）：

1）计算电流：

$K_x$=1，cos$\varphi$=0.7，tan$\varphi$=1.02

$I_{js}=K_x \times P_e/(1.732 \times U_e \times \cos\varphi)=1 \times 7/(1.732 \times 0.38 \times 0.7)=15.19$（A）

2）选择导线：选择YJLV−3×16+2×16，温度25℃空气明敷/架空线路时，其安全载流量为80A。室外架空铝芯导线按机械强度的最小截面为16mm²，满足要求。

3）选择电气设备：选择开关箱内隔离开关为HR3−100/30，其熔体额定电流$I_r$为30A，漏电保护器为DZ15LE−40/20。

（5）钢筋弯曲机开关箱至钢筋弯曲机导线截面及开关箱内电气设备选择（开关箱以下用电器启动后需要系数取1）：

1）计算电流：

$K_x$=1，cos$\varphi$=0.7，tan$\varphi$=1.02

$I_{js}=K_x \times P_e/(1.732 \times U_e \times \cos\varphi)=1 \times 3/(1.732 \times 0.38 \times 0.7)=6.51$（A）

2）选择导线：选择YJLV−3×16+2×16，温度25℃空气中架空线路时，其安全载流量为80A。室外架空铝芯导线按机械强度的最小截面为16mm²，满足要求。

3）选择电气设备：选择开关箱内隔离开关为HR3−100/30，其熔体额定电流$I_r$为30A，漏电保护器为DZ15LE−40/10。

（6）木工圆锯开关箱至木工圆锯导线截面及开关箱内电气设备选择（开关箱以下用电器启动后需要系数取1）：

1）计算电流：

$K_x$=1，cos$\varphi$=0.6，tan$\varphi$=1.33

$I_{js}=K_x \times P_e/(1.732 \times U_e \times \cos\varphi)=1 \times 3/(1.732 \times 0.38 \times 0.6)=7.6$（A）

2）选择导线：选择YJLV−3×16+2×16，温度25℃空气中架空线路时，其安全载流量为80A。室外架空铝芯导线按机械强度的最小截面为16mm²，满足要求。

3）选择电气设备：选择开关箱内隔离开关为HR3-100/30，其熔体额定电流$I_r$为30A，漏电保护器为DZ15LE-40/10。

（7）木压刨板机开关箱至木压刨板机导线截面及开关箱内电气设备选择（开关箱以下用电器启动后需要系数取1）：

1）计算电流：

$K_x$=1，cos$\varphi$=0.6，tan$\varphi$=1.33

$I_{js}=K_x\times P_e/(1.732\times U_e\times\cos\varphi)=1\times3/(1.732\times0.38\times0.6)=7.6$（A）

2）选择导线：选择YJLV-3×16+2×16，温度25℃空气中架空线路时，其安全载流量为80A。室外架空铝芯导线按机械强度的最小截面为16mm$^2$，满足要求。

3）选择电气设备：选择开关箱内隔离开关为HR3-100/30，其熔体额定电流$I_r$为30A，漏电保护器为DZ15LE-40/10。

（8）塔吊动力分箱至第1组电机（塔式起重机、自落式混凝土搅拌机、钢筋调直机、钢筋切断机、钢筋弯曲机、木工圆锯、木压刨板机）的开关箱的导线截面及分配箱内开关的选择：

1）计算电流：

塔式起重机：

$K_x$=0.7，cos$\varphi$=0.65，tan$\varphi$=1.17

$I_{js}=K_x\times P_e\times$台数/（$1.732\times U_e\times\cos\varphi$）$=0.7\times40.1\times1/(1.732\times0.38\times0.65)=65.61$（A）

自落式混凝土搅拌机：

$K_x$=0.75，cos$\varphi$=0.85，tan$\varphi$=0.62

$I_{js}=K_x\times P_e\times$台数/（$1.732\times U_e\times\cos\varphi$）$=0.75\times7.5\times1/(1.732\times0.38\times0.85)=10.05$（A）

钢筋调直机：

$K_x$=0.65，cos$\varphi$=0.7，tan$\varphi$=1.02

$I_{js}=K_x\times P_e\times$台数/（$1.732\times U_e\times\cos\varphi$）$=0.65\times4\times1/(1.732\times0.38\times0.7)=5.64$（A）

钢筋切断机：

$K_x$=0.65，cos$\varphi$=0.7，tan$\varphi$=1.02

$I_{js}=K_x \times P_e \times$ 台数/（$1.732 \times U_e \times \cos\varphi$）$=0.65 \times 7 \times 1/$（$1.732 \times 0.38 \times 0.7$）$=9.88$（A）

钢筋弯曲机：

$K_x=0.65$，$\cos\varphi=0.7$，$\tan\varphi=1.02$

$I_{js}=K_x \times P_e \times$ 台数/（$1.732 \times U_e \times \cos\varphi$）$=0.65 \times 3 \times 1/$（$1.732 \times 0.38 \times 0.7$）$=4.23$（A）

木工圆锯：

$K_x=0.65$，$\cos\varphi=0.6$，$\tan\varphi=1.33$

$I_{js}=K_x \times P_e \times$ 台数/（$1.732 \times U_e \times \cos\varphi$）$=0.65 \times 3 \times 1/$（$1.732 \times 0.38 \times 0.6$）$=4.94$（A）

木压刨板机：

$K_x=0.65$，$\cos\varphi=0.6$，$\tan\varphi=1.33$

$I_{js}=K_x \times P_e \times$ 台数/（$1.732 \times U_e \times \cos\varphi$）$=0.65 \times 3 \times 1/$（$1.732 \times 0.38 \times 0.6$）$=4.94$（A）

$I_{js}$（1组电机）=105.29A。

该组中最大的开关箱电流$I_{js}$=93.73A。

由于该组下有多个开关箱，所以最大电流需要乘以1.1的系数，两者中取大值：

$I_{js}=105.29 \times 1.1=115.82$（A）

2）选择导线：选择YJLV-3×35+2×16，温度25℃中空气明敷/架空线路时，其安全载流量为124A。

3）选择电气设备：选择开关箱内隔离开关为HR3-200/120，其熔体额定电流$I_r$为120A。

（9）塔吊动力分箱进线及进线开关的选择：

1）计算电流：

$K_x=0.7$，$\cos\varphi=0.7$

$I_{js}=K_x \times P_e/$（$1.732 \times U_e \times \cos\varphi$）$=0.7 \times 59.2/$（$1.732 \times 0.38 \times 0.7$）$=89.95$（A）

该分箱下最大组线电流$I_{js}$=115.82A。

两者中取大值$I_{js}$=115.82A。

2）选择导线：选择 YJLV-3×70+2×35，直接埋地时其安全载流量为 135A。

3）选择电气设备：选择开关箱内隔离开关为 HR3-200/120，其熔体额定电流 $I_r$ 为 120A。

（10）1号干线导线截面及出线开关的选择：

1）计算电流：

按导线安全载流量计算：

$K_x$=0.3，cos$\varphi$=0.7

$I_{js}=K_x \times \Sigma P_e/(1.732 \times U_e \times \cos\varphi)=0.3 \times 59.2/(1.732 \times 0.38 \times 0.7)=38.55$（A）

该干线下最大的分配箱电流 $I_{js}$=115.82A。

选择的电流 $I_{js}$=115.82A。

按允许电压降计算：

$S=K_x \times \Sigma(P \times L)/(C \triangle U)=0.3 \times 1776/(46.3 \times 5)=2.302$（$mm^2$）

选择 YJLV-3×50+2×25，直接埋地时其安全载流量为 149A。

2）选择出线开关：1号干线出线开关选择 HR3-200/120，其熔体额定电流 $I_r$ 为 120A，漏电保护器为 DZ20L-160/125。

选择总箱的进线截面及进线开关：

根据最大的干线电流和前述计算的电流，两者中取大值，$I_{js}$=115.82A。

查表得直接埋地线路 20°C 时铝芯 YJLV-3×50+2×25，其安全载流量为 149A，能够满足使用要求。由于由供电箱至动力总箱距离短，可不校核电压降的选择。

选择总进线开关为 HR3-200/120，其熔体额定电流为 $I_r$=120A。

（二）设计配电装置，选择电器、电缆系统图

电器、电缆系统图如图 12-1 所示。

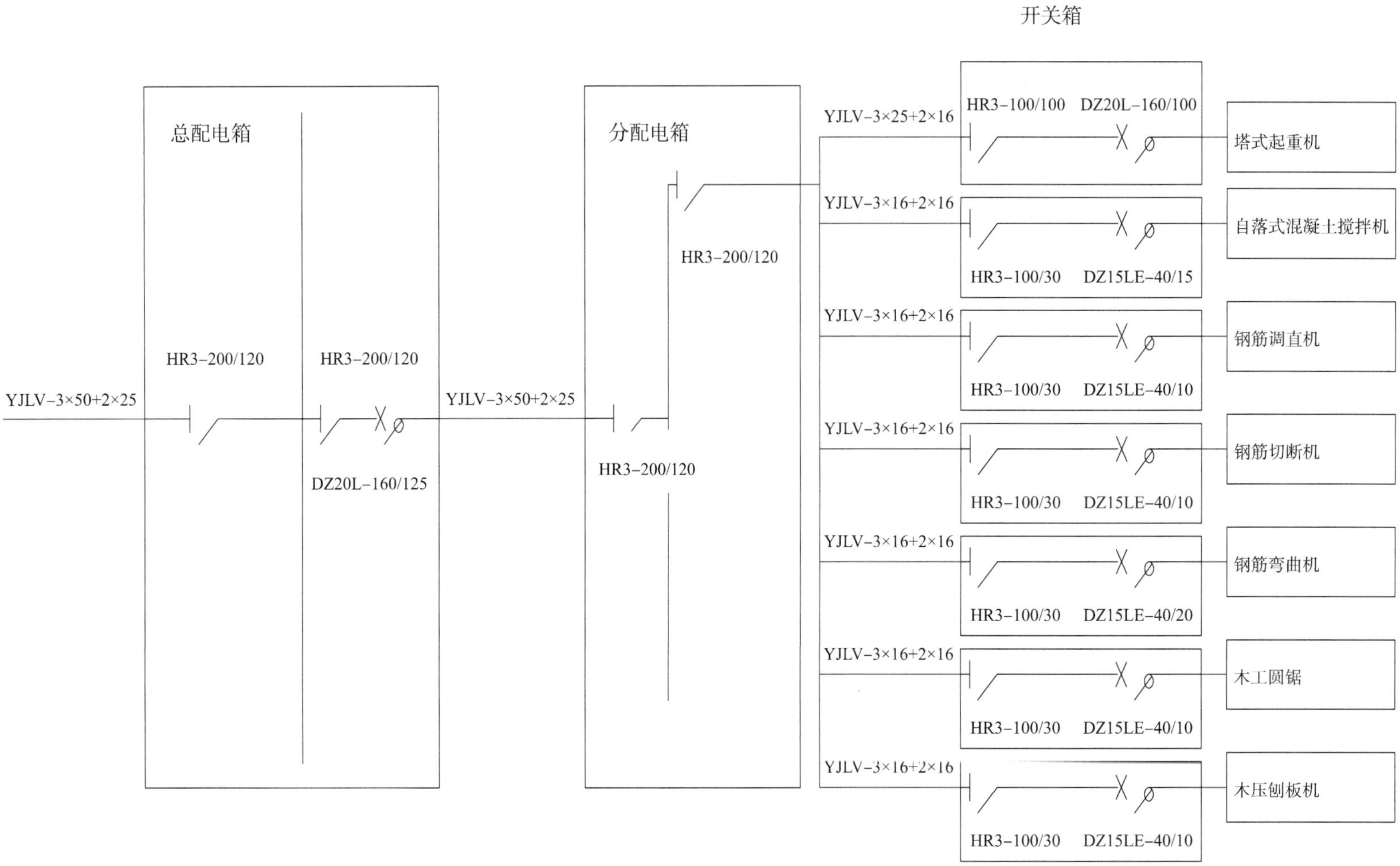

开关箱

总配电箱

HR3-200/120　HR3-200/120

YJLV-3×50+2×25

DZ20L-160/125

YJLV-3×50+2×25

分配电箱

HR3-200/120

HR3-200/120

YJLV-3×25+2×16　HR3-100/100　DZ20L-160/100　塔式起重机

YJLV-3×16+2×16　HR3-100/30　DZ15LE-40/15　自落式混凝土搅拌机

YJLV-3×16+2×16　HR3-100/30　DZ15LE-40/10　钢筋调直机

YJLV-3×16+2×16　HR3-100/30　DZ15LE-40/10　钢筋切断机

YJLV-3×16+2×16　HR3-100/30　DZ15LE-40/20　钢筋弯曲机

YJLV-3×16+2×16　HR3-100/30　DZ15LE-40/10　木工圆锯

YJLV-3×16+2×16　HR3-100/30　DZ15LE-40/10　木压刨板机

图 12-1　电器、电缆系统图

（三）设计接地装置图

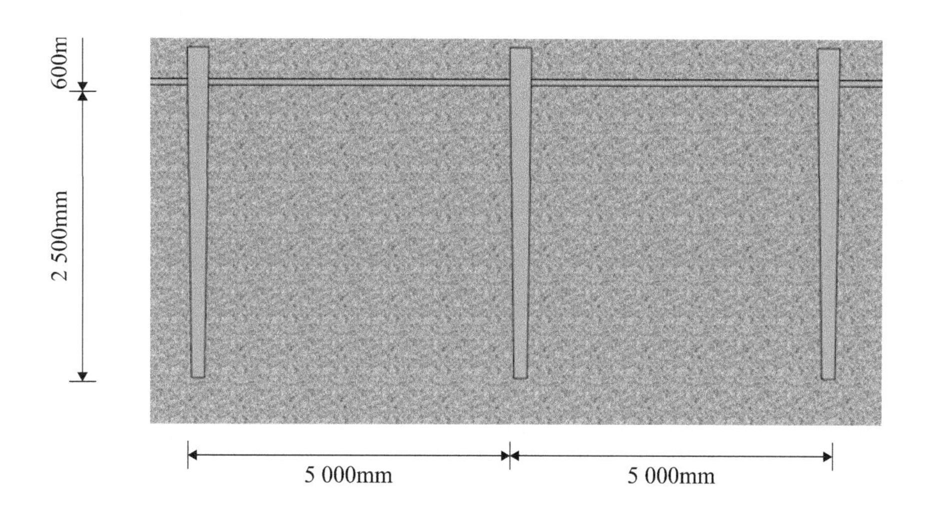


（1）施工现场专用变压器供电的TN-S系统中，电气设备的金属外壳应与保护接地导体（PE）连接。保护接地导体（PE）应由工作接地、配电室（总配电箱）电源侧中性导体（N）处引出。

（2）施工现场与外电设备共用同一供电系统时，电气设备的接地形式应与原系统保持一致。

（3）在TN系统中，严禁将中性导体（N）单独再做重复接地。

（4）在施工现场专用变压器供电的TN-S系统中，电气设备的金属外壳应与保护接地导体（PE）连接。保护接地导体（PE）应由工作接地、配电室（总配电箱）电源侧中性导体（N）处引出。单台容量超过100kV·A或使用同一接地装置并联运行且总容量超过100kV·A的电力变压器或发电机的工作接地电阻值不得大于4Ω。单台容量不超过100kV·A或使用同一接地装置并联运行且总容量不超过100kV·A的电力变压器或发电机的工作接地电阻值不得大于10Ω。在土壤电阻率大于1000Ω·m的地区，当达到上述接地电阻值有困难时，工作接地电阻值可提高到30Ω。TN系统中的保护接地导体（PE）除必须在配电室或总配电箱处做重复接地外，还必须在配电系统的中间处和末端处做重复接地。在TN系统中，保护接地导体（PE）每一处重复接地装置的接地电阻值不应大于10Ω。在工作接地电阻值允许达到10Ω的电力系统中，所有重复接地的等效电阻值不应大于10Ω。

（5）每一组接地装置的接地线应采用2根及以上导体，在不同点与接地极做电气连接，不得采用铝导体做接地体或地下接地线；垂直接地极宜采用角钢、钢管或光面圆钢，不得采用螺纹钢。

（四）设计防雷装置

防雷装置设置的主要内容是：首先确定需要设置防雷装置的部位，其次确定防雷装置的设置。施工现场的防雷是防直击雷。当施工现场设专用变电所时，除了要考虑防直击雷装置外，还要考虑设置防感应雷装置。

当施工现场邻近建筑物、构筑物等设施的防直击雷的保护范围不能覆盖整个施工现场时，应依照表12–2的要求设置防雷装置。

表12–2　施工现场内机械设备及高架设施需安装防雷装置规定

| 地区年平均雷暴日 /d | 机械设备高度 /m |
| --- | --- |
| ≤ 15 | ≥ 50 |
| ＞15，＜40 | ≥ 32 |
| ≥ 40，＜90 | ≥ 20 |
| ≥ 90 及雷害特别严重地区 | ≥ 12 |

实际上，施工现场需要考虑防直击雷的主要部位是塔式起重机、物料提升机、外用电梯等高大建筑机械设备，以及钢管脚手架、在施工程金属结构等高架金属设施。当施工现场内设置变电所时，该变电所也是需要考虑防直达击雷的部位。

当现场设置变电所时，防感应雷部位通常设置在变电所的进出线处。当现场未设置变电所但设置配电室时，则其进出线处亦应考虑有防感应雷措施。

施工机具（塔吊、人货电梯、钢管外脚手架）的防雷按第三类工业建筑物、构筑物的防雷规定设置防雷装置。机械设备接闪器引下线利用机械设备结构钢架（钢架连接点做好电气连接），接闪器可用直径为$\phi$10 ～ $\phi$20mm，长度为1 ～ 2m的圆钢，钢管外脚手架的防雷接地，采用外架多点（每隔10m转角处做一次接地），每两步架设一组接地与防雷接地体连接。每月对所有地接极的接地电阻测试一次，并做好每一测试点的测试记录。

（五）施工现场总平面图、配电装置及系统图

施工现场总平面图、配电装置及系统图如图12–3、图12–4所示。

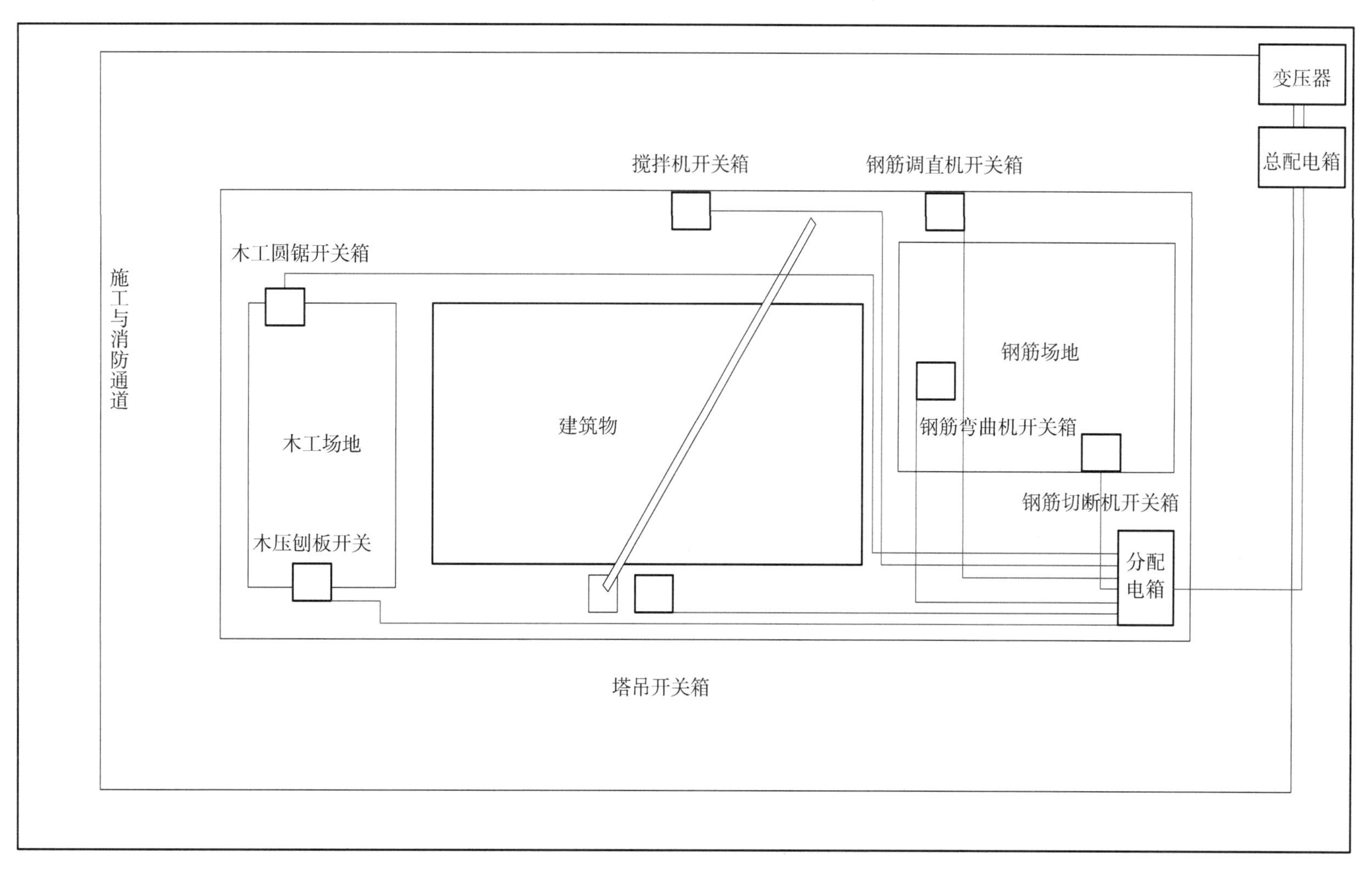


图 12–3　施工现场总平面图

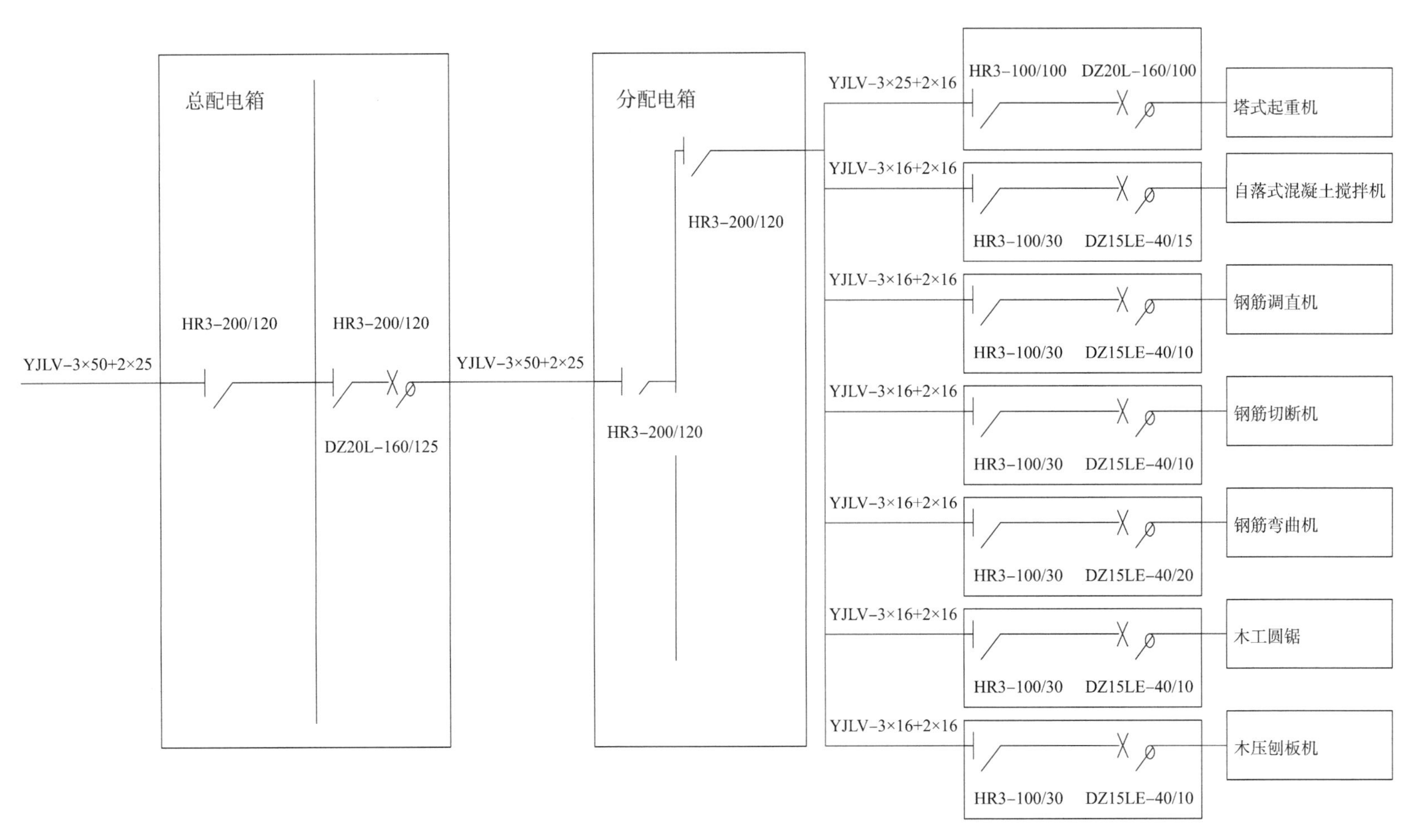


图 12-4　配电装置及系统图

## 七、确定防护措施

外电线路及电气设备防护应符合下列规定：

（1）在施工程外电架空线路正下方不得有人作业、建造生活设施，或堆放建筑材料及其他杂物。

（2）在施工程（含脚手架）的周边与外电架空线路的边线之间必须保持安全操作距离。当外电线路的电压为1kV以下时，其最小安全操作距离为7m；当外电架空线路的电压为1kV～10kV时，其最小安全操作距离为8m；当外电架空线路的电压为35kV～110kV，其最小安全操作距离为8m；当外电架空线路的电压为220kV时，其最小安全操作距离为10m；当外电架空线路的电压为300kV～500kV时，其最小安全操作距离为15m。上下脚手架的斜道严禁搭设在有外电线路的一侧。

（3）施工现场的机动车道与外电架空线路交叉时，架空线路的最低点与路面的最小垂直距离应符合以下要求：外电线路电压为1kV以下时，最小垂直距离为5m；外电线路电压为1kV～10kV时，最小垂直距离为7m。外电线路电压为10kV～35kV时，最小垂直距离为7m。

（4）起重机不得越过无防护设施的外电架空线路作业。在外电架空线路附件吊装时，塔式起重机的吊具或被吊物的端部与架空线路之间的最小安全距离应符合以下要求：外电线路电压为1kV以下时，最小水平距离与垂直距离为1.5m；外电线路电压为10kV以下时，最小垂直距离为3m，水平距离为2m；外电线路电压为35kV以下时，最小垂直距离为4m，水平距离为3.5m；外电线路电压为110kV以下时，最小垂直距离为5m，水平距离为4m；外电线路电压为220kV以下时，最小水平与垂直距离为6m；外电线路电压为330kV以下时，最小水平与垂直距离为7m；外电线路电压为500kV以下时，最小水平与垂直距离为8.5m；

（5）防护设施与外电线路之间的最小安全距离：外电线路10kV以下最小安全距离为2.0m，外电线路35kV以下最小安全距离为3.5m，外电线路110kV以下最小安全距离为4m，外电线路220kV以下最小安全距离为5m，外电线路330kV以下最小安全距离为6m，外电线路500kV以下最小安全距离为7m。

（6）当在外电架空线路附近开挖沟槽时，施工现场应设有专人巡视，并采取加固措施，防止外电架空线路电杆倾斜、悬倒。

（7）达不到最小安全距离时，施工现场应采取隔离保护措施，并应悬挂醒目的警告标识。架设防护设施时，应经有关部门批准，采用线路暂时停电或其他可靠的安全技术措施，并应有电气工程技术人员或专职安全人员负责监护。

（8）对于既不能达到最小安全距离，又无法搭设防护措施的施工现场，应与有关供电部门协商，采取停电、迁移外电线路等措施，否则不得施工。

（9）电气设备现场周围不得存放易燃易爆物、污染源和腐蚀介质，并应采取防护措施，其防护等级应与环境条件相适应。

（10）电气设备设置场所应采取防护措施避免物体打击和机械损伤。

**八、制定安全用电措施和电气防火措施**

安全用电技术措施包括两个方面：一是安全用电在技术上所采取的措施；二是为了保证安全用电和供电的可靠性在组织上所采取的各种措施，它包括各种制度的建立、组织管理等一系列内容。安全用电措施应包括下列内容：

（一）安全用电技术措施

1.接地

单台容量超过100kV·A或使用同一接地装置并联运行且总容量超过100kV·A的电力变压器或发电机的工作接地电阻值不得大于4Ω。单台容量不超过100kV·A或使用同一接地装置并联运行且总容量不超过100kV·A的电力变压器或发电机的工作接地电阻值不得大于10Ω。电气设备不带电的金属外壳与接地极之间做可靠的电气连接。它的作用是当电气设备的金属外壳带电时，如果人体触及此外壳时，由于人体的电阻远大于接地体电阻，则大部分电流经接地体流入大地，而流经人体的电流很小。这时只要适当控制接地电阻（一般不大于4Ω），就可减少触电事故发生。但是在TT供电系统中，这种保护方式的设备外壳电压对人体来说还是相当危险的。因此这种保护方式只适用于TN-S供电系统的施工现场，按规定工作接地电阻不大于4Ω。

2.保护导体

在电源中性点直接接地的低压电力系统中，将用电设备的金属外壳与供电系统中的中性导体（N）做电气连接，称为保护接零。它的作用是，当电气设备的金属外壳带电时，短路电流经中性导体（N）而成闭合电路，使其变成单相短路故障，因中性导体（N）的阻抗很小，所以短路电流很大，一般为额定电流的几倍甚至几十倍，这样大的单相短路将使保护装置迅速而准确地动作，切断事故电源，保证人身安全。其供电系统为接零保护系统，即TN系统，TN系统包括TN-C、TN-C-S、TN-S三种类型。本工程采用TN-S系统。

TN-S供电系统，是把中性导体（N）和保护接地导体（PE）在供电电源处严格分开的供电系统。它的优点是专用保护导体上无电流，此导体专门承接故障电流，确保其保护装置动作。应该特别指出，保护接地导体（PE）不许断线。在施工现场供电保护接地导体（PE）总箱、中间、末端做不少于三处重复接地。

施工时应注意：如是箱式变压器大部分在底压侧把中性导体（N）和保护接地导体（PE）连接。需要打开低压侧确定。杆式变压器大部分需要到总箱处把中性导体（N）和保护保护接地导体（PE）连接，其他各处均不得把中性导体（N）和保护接地导体（PE）连接，保护接地导体（PE）上不得安装开关和熔断器，也不得把大地兼作保护接地导体（PE）且保护接地导体（PE）不得通过工作电流。保护接地导体（PE）也不得进入剩余电流保护器，且应由工作接地配电室（总配电箱）电源侧中性导体（N）处引出。

必须注意：当施工现场与外电线路共用同一供电系统时，电气设备的系统接地型式、应与原系统保持一致。因为在同一系统中，如果有的设备采取保护接地，有的设备与保护接地导体（PE）相连接采取重复接地，则当采取保护接地的设备发生碰壳时，中性导体（N）电位将升高，而使所有与保护接地导体相连接的设备外壳都带上危险电压。

3.设置剩余电流动作保护器

（1）施工现场的总配电箱至开关箱应至少设置两级剩余电流动作保护器，而且两级剩余电流动作保护器的额定剩余动作电流和额定剩余动作时间应作合理配合，使之具有分级保护的功能。

（2）开关箱中必须设置剩余电流动作保护器，施工现场所有用电设备，除作保护导体外，必须在设备负荷线的首端处安装剩余电流动作保护器。

（3）剩余电流动作保护器应装设在配电箱电源隔离开关的负荷侧和开关箱电源隔离开关的负荷侧，不得用于启动电器设备的操作。

（4）剩余电流动作保护器的选择应符合现行国家标准《剩余电流动作保护器（RCD）的一般要求》GB/T 6829、《剩余电流动作保护装置安装和运行》GB/T 13955的规定。开关箱内的剩余电流动作保护器的额定剩余动作电流应不大于30mA，额定剩余动作时间应小于0.1s。使用潮湿和有腐蚀介质场所的漏电保护器应采用防溅型产品。其额定剩余动作电流应不大于15mA，额定剩余动作时间应小于0.1s。

（5）总配箱中剩余电流动作保护器的额定剩余动作电流应大于30mA，剩余动作时间应大于0.1s，但其额定剩余动作电流与额定剩余动作时间的乘积不应大于30mA·s。

（6）总配电箱和开关箱中剩余电流动作保护器的极数和线数必须与其负荷侧负荷的相数和线数一致。

4.特殊场所使用安全特低电压照明器的规定：

（1）隧道、人防工程、高温、有导电灰尘、潮湿场所的照明，电源电压不应大于AC 36V。

（2）灯具离地面高度小于2.5m的场所，照明电源电压不应大于AC 36V。

（3）易触及带电体场所的照明，电源电压不应大于AC 24V。

（4）导电良好的地面、锅炉或金属容器等受限空间作业的照明，电源电压不应大于AC 12V。

5. 电气设备的设置

（1）配电系统应设置配电柜或总配电箱、分配电箱、开关箱，实行三级配电。配电系统应采用三相负荷平衡。220V或380V单相用电设备接入220/380V三相四线系统。

（2）动力配电箱与照明配电箱宜分别设置，如合置在同一配电箱内，动力和照明线路应分路设置，开关箱应分开设置。

（3）总配电箱应设置在靠近电源区域，分配电箱应设置在用电设备或负荷相对集中的区域，分配电箱与开关箱的距离不得超过30m，开关箱与其控制的固定式用电设备的水平距离不应超过3m。

（4）每台用电设备应有各自专用的开关箱，禁止用同一个开关箱直接控制2台及2台以上用电设备（含插座）。

（5）配电箱、开关箱应装设在干燥、通风及常温场所，不得装设在有严重损伤作用的瓦斯、烟气、潮气及其他有害介质中，亦不得装设在易受外来固体物撞击、强烈振动、液体浸溅及热源烘烤场所。否则，应予清除有害物质或做防护处理。

（6）配电箱、开关箱应装设端正、牢固。固定式配电箱、开关箱的中心点与地面的垂直距离应为1.4～1.6m。移动式配电箱、开关箱应装设在坚固、稳定的支架上。其中心点与地面的垂直距离宜为0.8～1.6m。

6. 电气设备的安装

（1）配电箱、开关箱内的电器（含插座）应先安装在金属或非木质阻燃绝缘电器安装板上，然后方可整体紧固在配电箱、开关箱箱体内。金属电器安装板与保护接地导体（PE）应做电气连接。

（2）配电箱、开关箱内的电器（含插座）应按其规定位置紧固在电器安装板上，不得歪斜和松动。

（3）配电箱的电器安装板上必须分设N端子板和PE端子板。N端子板必须与金属电器安装板绝缘，PE端子板必须与金属电器安装板做电气连接。进出线中的中性导体（N）必须通过N端子板连接；保护接地导体（PE）必须通过PE端子板连接

（4）配电箱、开关箱内的连接线必须采用铜芯绝缘导线。导线绝缘层的颜色标志应按标准相关要求配置并排列整齐；导线分支接头不得采用螺栓压接，应采用焊接并做绝缘包扎，不得有外露带电部分。

（5）配电箱、开关箱的金属箱体、金属电器安装板以及电器正常不带电的金属底座、外壳等应通过PE端子板与保护接地导体（PE）做电气连接，金属箱门与金属箱体应采用黄/绿组合软绝缘导线做电气连接。

（6）配电箱、开关箱中导线的进线口和出线口应设在箱体的下底面。

（7）配电箱、开关箱的进、出线口应配置固定线卡，进出线应加绝缘护套并成束卡固在箱体上，不得与箱体直接接触。移动式配电箱、开关箱的进、出线应采用橡皮护套绝缘电缆，不得有接头。

（8）配电箱、开关箱外形结构应具有防雨、防尘措施，单独为配电箱、开关箱装设防雨棚（盖），防雨棚（盖）宜采用绝缘材料制作。

7.电工及用电人员的要求

（1）电工应按国家现行规定经过考核合格后，持证上岗工作；其他用电人员应通过相关安全教育培训和技术交底，考核合格后方可上岗工作。

（2）安装、巡检、维修临时用电设备和线路应由电工完成，并应有人监护。

（3）各类用电人员应掌握安全用电基本知识和所用设备的性能，并应符合下列规定：使用电气设备前应按规定穿戴和配备好相应的劳动防护用品，并应检查电气装置和保护设施，不得使设备带“缺陷”运转；保管和维护所用设备，发现问题应及时报告解决；暂时停用设备的开关箱应分断电源隔离开关，并应关门上锁；移动电气设备时，应经电工切断电源并做妥善处理后进行。

8.电气设备的使用与维护

配电箱、开关箱应有名称、用途、分路标记及系统接线图。配电箱箱门应上锁，并应由专人负责管理。配电箱、开关箱应定期检查、维修。检查、维修人员应是专业电工；检查、维修时应按规定穿戴绝缘鞋、手套，应使用电工绝缘工具，并应做检查、维修工作记录。对配电箱、开关箱进行定期维修、检查时，应将其前一级相应的电源隔离开关分闸断电，并悬挂“禁止合闸、有人工作”停电标识牌，不得带电作业。

配电箱、开关箱的操作顺序应符合下列规定：送电操作顺序为：总配电箱→分配电箱→开关箱；停电操作顺序为：开关箱→分配电箱→总配电箱。出现电气故障的紧急情况除外。

施工现场停止作业1小时以上时，应将动力开关箱断电上锁。开关箱的操作人员应符合相关标准的规定。配电箱、开关箱内不得放置任何杂物，并应保持整洁。配电箱、开关箱内不得随意拉接其他用电设备。配电箱、开关箱内的电器配置和接线不得随意改动。熔断器熔体更换时，不得采用不符合原规格的熔体代替。剩余电流动作保护器每天使用前应启动剩余电流试验按钮试跳一次，试跳不正常时不得继续使用。配电箱、开关箱进线和出线不得承受外力，不得与金属尖锐断口、强腐蚀介质和易燃易爆物接触。

9.施工现场的配电线路

（1）架空线应采用绝缘导线。

（2）架空线应架设在专用电杆上，不得架设在树木、脚手架及其他设施上。

（3）架空线导线截面的选择应符合下列规定：

1）导线中的计算负荷电流不得大于其长期连续负荷允许载流量。

2）线路末端电压偏移不应大于其额定电压的5%。

3）中性导体（N）和保护接地导体（PE）截面不应小于相截面的50%，单相线路的中性导体（N）截面应与相导体截面相同。

4）按机械强度要求，绝缘铜线截面不小于$10mm^2$，绝缘铝线截面不小于$16mm^2$。

5）在跨越铁路、公路、河流、电力线路档距内，绝缘铜线截面不小于$16mm^2$，绝缘铝线截面不小于$25mm^2$。

（4）架空线在一个档距内，每层导线的接头数不得超过该层导线数的50%，且一条导线最多只有一个接头。在跨越铁路、公路、河流、电力线路档距内，架空线不得有接头。

（5）架空线路相序排列应符合下列规定：

1）动力、照明线路在同一横担上架设时，导线相序排列应是：面向负荷从左侧起依次为$L_1$、N、$L_2$、$L_3$、PE。

2）动力、照明线路在二层横担上分别架设时，导线相序排列应是：上层横担面向负荷从左侧起依次为$L_1$、$L_2$、$L_3$；下层横担面向负荷从左侧起依次为$L_1$、（$L_2$、$L_3$）、N、PE。

（6）架空线路的档距不应大于35m。

（7）架空线路的线间距不应小于0.3m，靠近电杆的两导线的间距不得小于0.5m。

（8）架空线路应采用钢筋混凝土或木杆或绝缘材料杆。钢筋混凝土杆不得有露筋、宽度大于0.4mm的裂纹和扭曲；木杆不得腐蚀，其梢径不应小于140mm。

（9）电杆埋设深度应为杆长的1/10加0.6m，回填土应分层夯实。在松软土质处应加大埋入深度或采用卡盘等加固措施。

（10）直线杆和15°以下的转角杆可采用单横担单绝缘子，但跨越机动车道时应采用单横担双绝缘子；15°～45°的转角杆应采用双横担双绝缘子；45°以上的转角杆应采用十字横担。

（11）架空线路绝缘子应根据线杆型选择并应符合下列规定：

1）直线杆采用针式绝缘子。

2）耐张杆采用碟式绝缘子。

（12）电杆的拉线应采用不少于3根直径4.0mm的镀锌钢丝。拉线与电杆的夹角应为30°～45°。拉线埋设深度不应小于1m。电杆拉线如从导线之间穿过，应在高于地面2.5m处装设拉线绝缘子。

（13）因受地形环境限制不能设拉线时，可采用撑杆代替拉线，撑杆埋设深度不应小于0.8m，其底部应垫底盘或石块。撑杆与电杆的夹角应为30°。

（14）架空线路应有短路保护和过负荷保护。

10.电缆线路

施工现场临时用电宜采用的电缆线路。电缆线路应符合下列要求：

（1）电缆芯线应含全部工作导体和保护接地导体（PE）。需要三相四线制配电的电缆线路应采用五芯电缆。五芯电缆必须包括含淡蓝、绿/黄二种颜色绝缘芯线。淡蓝色芯线必须用作N线；绿/黄双色芯线必须用作PE线，不得混用。

（2）电缆线路应采用埋地或架空敷设，不得沿地面明设，并应避免机械损伤和介质腐蚀。埋地电缆路径应设方位标志。

（3）电缆类型应根据敷设方式、环境条件等选择。埋地敷设应采用铠装电缆；当选用无铠装电缆时，应能放水、防腐。架空敷设应采用无铠装电缆。

（4）电缆直接埋地敷设的深度不应小于0.5m，并应在电缆紧邻上、下、左、右侧均匀敷设不小于50mm厚的细砂，然后覆盖砖或混凝土板等硬介质保护层。

（5）埋地电缆在穿越建筑物、构筑物、道路、易受机械损伤场所、易受介质腐蚀场所及引出地面从2.0m高到地下0.2m处，应加设防护套管，防护套管的内径不应小于电缆外径的1.5倍。

（6）埋地电缆与其附近外电电缆和管沟的平行间距不得小于2m，交叉间距不应小于1m。

（7）埋地电缆的接头应设在地面上的接线盒内，接线盒应能防水、防尘、防机械损伤，并应远离易燃、易爆、易腐蚀场所。

（8）架空电缆应沿电杆、支架或墙壁敷设，并采用绝缘子固定，绑扎线必须采用绝缘线，固定点间距应保证电缆能承受自重所带来的荷载，沿墙壁敷设时最大弧垂直距地不应小于2.0m。

（9）在建工程内的电缆线路必须采用电缆埋地引入，严禁穿越脚手架引入。电缆垂直敷设应充分利用在建工程的竖井、垂直孔洞等，并应靠近用电负荷中心，固定点每楼层不得少于一处。电缆水平敷设应沿墙或门口刚性固定，最大弧垂距地不应小于2.0m。

（10）电缆线路必须有短路保护和过负荷保护。

11. 室内导线的敷设及照明装置

（1）室内配线应采用绝缘电线或电缆。

（2）室内配线可沿瓷瓶、塑料槽盒、钢索等明敷设。潮湿场所或沿地面内配线必须穿管敷设，管口和管接头应粘结牢固；当采用金属保护管敷设时，金属管应做等电位连接，且与保护接地导体（PE）相连接。

（3）室内非埋地明敷主干线距离地面高度不得小于2.5m。

（4）架空进户线的室外端应采用绝缘子固定，过墙处应穿管保护，距地面高度不应小于2.5m，并应采取防雨措施。

（5）室内配线所用导线或电缆的截面应根据用电设备或线路的计算负荷确定，但铜线截面不应小于$2.5mm^2$，铝线截面不应小于$10mm^2$。

（6）钢索配线的吊架间距不宜大于12m。采用瓷夹固定导线时，导线间距不应小于35mm，瓷夹间距不应大于800mm；采用瓷瓶固定导线或电缆时，可直接敷设于钢索上。

（7）室内配线必须有短路保护和过负荷保护。

（二）安全用电组织措施

（1）建立临时用电施工组织设计和安全用电技术措施的编制、审批制度，并建立相应的技术档案。

（2）建立技术交底制度。向专业电工、各类用电人员介绍临时用电施工组织设计和安全用电技术措施的总体意图、技术内容和注意事项，并应在技术交底文字资料上履行交底人和被交底人的签字手续，注明交底日期。

（3）建立安全检测制度。从临时用电工程竣工开始，定期对临时用电工程进行检测，主要内容是接地电阻值、电气设备绝缘电阻值、漏电保护器动作参数等，以监视临时用电工程是否安全可靠，并做好检测记录。

（4）建立电气维修制度。加强日常和定期维修工作，及时发现和消除隐患，并建立维修工作记录，记载维修时间、维修地点、设备、内容、技术措施、处理结果、维修人员、验收人员等。

（5）建立工程拆除制度。建筑工程竣工后，临时用电工程的拆除应有统一的组织和指挥，并须规定拆除时间、人员、程序、方法、注意事项和防护措施等。

（6）建立安全检查和评估制度。施工管理部门和企业要按照《建筑施工安全检查标准》JGJ 59—2011的规定定期对现场用电安全情况进行检查评估。

（7）建立安全用电责任制。对临时用电工程各部位的操作、监护、维修分片、分块、分机落实到人，并辅以必要的奖惩。

（8）建立安全教育和培训制度。定期对专业电工和各类用电人员进行用电安全教育和培训，凡上岗人员必须持有劳动部门核发的上岗证书，严禁无证上岗。

（三）安全用电防火措施

1.施工现场发生火灾的主要原因

（1）电气线路过负荷引起火灾。线路上的电气设备长时间超负荷使用，使用电流超过了导线的安全载流量。这时如果保护装置选择不合理，时间长了，线芯过热会使绝缘层损坏燃烧，造成火灾。

（2）线路短路引起火灾。因导线安全距离不够，绝缘等级不够，老化、破损或人为操作不慎等原因造成线路短路，强大的短路电流很快转换成热能，使导线严重发热，温度急剧升高，造成导线熔化，绝缘层燃烧，引起火灾。

（3）接触电阻过大引起火灾。导线接头连接不好、接线柱压接不实、开关触点接触不牢等造成接触电阻增大，随着时间增长引起局部氧化，氧化后增大了接触电阻。电流流过电阻时，会消耗电能产生热量，导致过热引起火灾。

（4）变压器、电动机等设备运行故障引起火灾。变压器长期过负荷运行或制造质量不良，造成线圈绝缘损坏，匝间短路，铁芯涡流加大引起过热，变压器绝缘油老化、击穿、发热等引起火灾或爆炸。

（5）电热设备、照明灯具使用不当引起火灾。电炉等电热设备表面温度很高，如使用不当会引起火灾；大功率照明灯具等与易燃物距离过近引起火灾。

（6）电弧、电火花引起火灾。电焊机、点焊机使用时电气弧光、火花等会引燃周围物体，引起火灾。

施工现场由于电气引发的火灾，其原因决不止以上几点，还有许多，这就要求用电人员和现场管理人员认真执行操作规程，加强检查，避免引起火灾。

2.预防电气火灾的措施

针对电气火灾发生的原因，施工组织设计中要制订出有效的预防措施。

（1）施工组织设计时要根据电气设备的用电量正确选择导线截面，从理论上杜绝线路过负荷使用，保护装置要认真选择，当线路上出现长期过负荷时，要能在规定时间内动作，保护线路。

（2）导线架空敷设时，其安全间距必须满足规范要求，当配电线路采用熔断器作短路保护时，熔体额定电流一定要小于电缆或穿管绝缘导线允许载流量的2.5倍，或小于明敷绝缘导线允许载流量的1.5倍。要经常教育用电人员正确执行安全操作规程，避免作业不当造成火灾。

（3）电气操作人员要认真执行相关规范，正确连接导线，接线柱要压牢、压实。各种开关触头要压接牢固。铜铝连接时要有过渡端子，多股导线要用端子或涮锡后再与设备安装，以防加大电阻引起火灾。

（4）配电室的耐火等级要大于三级，室内配置砂箱和绝缘灭火器。要严格执行变压器的运行检修制度，按季度每年进行四次停电清扫和检查。现场中的电动机严禁超载使用，电机周围无易燃物，发现问题要及时解决，保证设备正常运转。

（5）施工现场内严禁使用电炉。使用碘钨灯时，灯与易燃物间距要大于30cm，室内不准使用功率超过100W的灯泡，严禁使用床头灯。

（6）使用焊机时要执行用火证制度，并有人监护，施焊周围不能存在易燃物体，并备齐防火设备。电焊机要放在通风良好的地方。

（7）施工现场的高大设备和有可能产生静电的电气设备要做好防雷接地和防静电接地，以免雷电及静电火花引起火灾。

（8）存放易燃气体、易燃物的仓库内的照明装置一定要采用防爆型设备，导线敷设、灯具安装、导线与设备连接均应满足有关规范要求。

（9）配电箱、开关箱内严禁存放杂物及易燃物体，并派专人负责定期清扫。

（10）设有消防设施的施工现场，消防泵的电源要由总箱中引出专用回路供电，而且此回路不得设置漏电保护器，当电源发生接地故障时，可以设单相接地报警装置。有条件的施工现场，此回路供电应由两个电源供电，供电线路应在末端可切换。

（11）施工现场应建立防火检查制度，强化电气防火领导体制，建立电气防火队伍。

（12）施工现场一旦发生电气火灾时，扑灭电气火灾应注意以下事项：

1）迅速切断电源，以免事态扩大。切断电源时应戴绝缘手套，使用有绝缘柄的工具。当火场离开关较远需剪断电线时，火线和零线应分开错位剪断，以免在钳口处造成短路，并防止电源线掉在地上造成短路使人员触电。

2）当电源线因其他原因不能及时切断时，一方面派人去供电端拉闸，另一方面灭火时，人体的各部位与带电体应保持充分距离，必须穿戴绝缘用品。

3）扑灭电气火灾时要用绝缘性能好的灭火剂，如干粉灭火剂、二氧化碳灭火剂或干燥砂子。严禁使用导电灭火剂进行扑救。

## 九、临时用电设施拆除措施

（1）拆除工作应从电源侧开始。

（2）在拆除前，被拆除部分应与带电部分在电气上进行可靠断开、隔离，并悬挂“禁止合闸、有人工作”等标识牌。

（3）拆除前应确保电容器已进行有效放电。

（4）在拆除与运行线路（设施）交叉的临时用电线路（设施）时，应有明显的区分标识。

（5）在拆除邻近带电部分的临时设施时，应有专人监护，并应设隔离防护设施。

（6）拆除过程中，应避免对设备（设施）造成损伤。

## 十、应急预案

应急预案编制应严格按照《生产经营单位生产安全事故应急预案编制导则》GB/T 29639—2020进行编制。

## 12.2　电工及用电人员

根据《建筑施工特种作业人员管理规定》（建质〔2008〕75号）的要求，建筑电工属于特种作业人员，必须经建设主管部门考核合格，取得建筑施工特种作业人员操作资格证（图12-5），方可上岗从事相应作业。安装、巡检、维修或拆除临时用电设备和线路必须由电工完成，并应有人监护。电工等级应同工程的难易程度和技术复杂性相适应。

各类用电人员应掌握安全用电基本知识和所用设备的性能，并应符合下列规定：

（1）使用电气设备前必须按规定穿戴和配备好相应的劳动防护用品，并应检查电气装置和保护设施，严禁设备带“缺陷”运转。

（2）应妥善保管和维护所用设备，发现问题应及时报告解决。

（3）暂时停用设备的开关箱必须分断电源隔离开关，并应关门上锁。

（4）移动电气设备时，必须经电工切断电源并做妥善处理后进行。

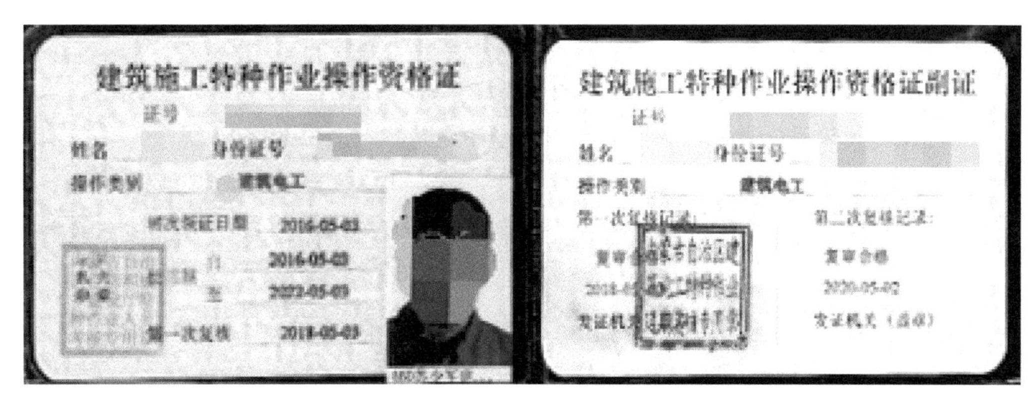


图12-5　建筑施工特种作业操作资格证

## 12.3 临时用电工程的检查

临时用电工程应定期检查。定期检查时，应复查接地电阻值和绝缘电阻值和进行剩余电流动作保护器的剩余电流动作参数测定。

临时用电工程定期检查应按分部、分项工程进行，对安全隐患必须及时处理，并应履行复查验收手续。

施工现场临时用电设施的拆除应符合下列要求：

（1）应按用电工程组织设计的要求组织拆除。

（2）拆除工作应从电源侧开始。

（3）拆除前，被拆除部分应与带电部分在电器上断开、隔离，并悬挂“禁止合闸、有人工作”等标识牌。

（4）拆除前应确保电容器已进行有效放电。

（5）拆除与运行线路（设施）交叉的临时用电工程线路（设施）时，应有明显的区分标识。

（6）拆除邻近带电部分的临时用电设施时，应设有专人监护，并应设隔离防护设施。

（7）拆除过程中，应避免对设备（设施）造成损伤。

# 13 滚球法防雷计算

按照滚球法，单支避雷针（接闪器）的保护范围应按下列方法确定：当避雷针高度（$h$）小于或等于滚球半径（$h_r$）时（图13-1），避雷针在被保护物高度平面上的保护半径和在地面上的保护半径可按下列公式确定：

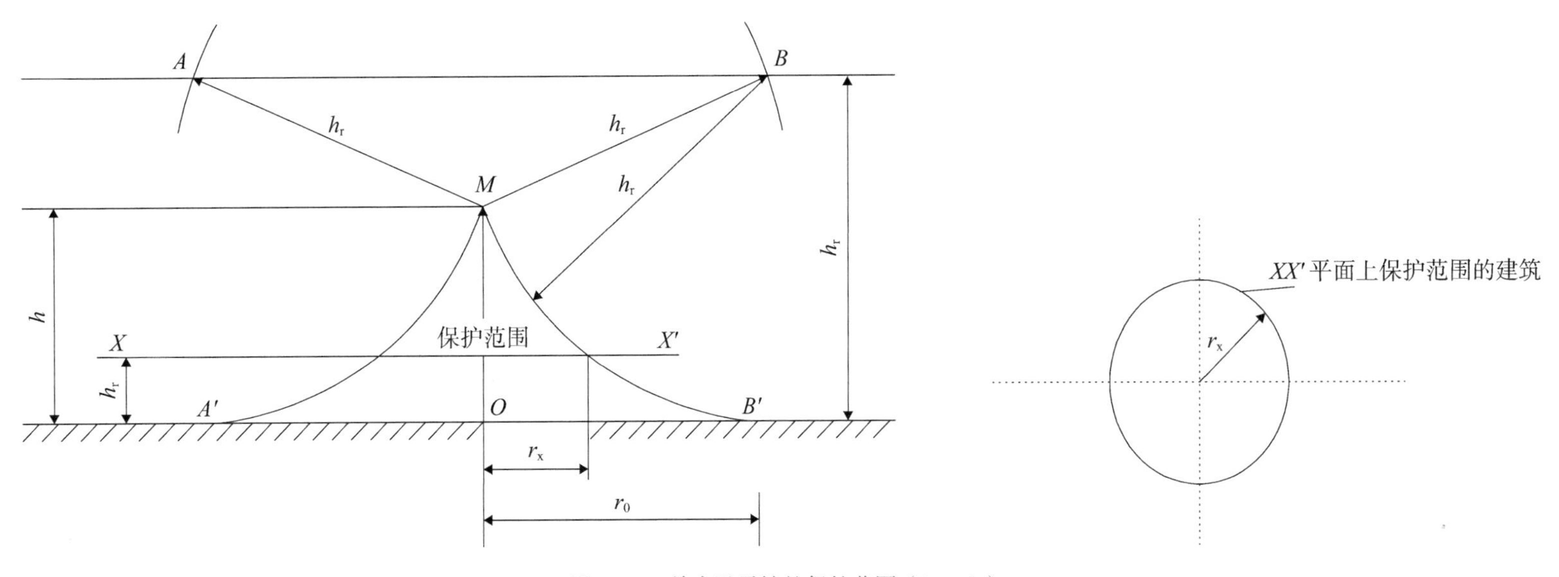


图 13-1 单支避雷针的保护范围（$h \leqslant h_r$）

$$r_x = \sqrt{h(2h_r - h)} - \sqrt{h_x(2h_r - h_x)}$$

$$r_0 = \sqrt{h(2h_r - h)}$$

式中：$r_x$——在被保护物高度平面上的保护半径（m）；

$h$——避雷针高度（m）；

$h_x$——被保护物高度（m）；

$h_r$——滚球半径（m）；

$r_0$——在地面上的保护半径（m）。

在现行国家标准《建筑物防雷设计规范》GB 50057—2010中，对于第一、二、三类防雷建筑物的滚球半径分别确定为30m、45m、60m。对一般施工现场，在年平均雷暴日大于15d的地区，高度在15m及以上的高耸建（构）筑物和高大建筑机械；或在年平均雷暴日小于或等于15d的地区，高度在20m及以上的高耸建（构）筑物和高大建筑机械，可参照第三类防雷建筑物。

【案例13-1】内蒙古兴安盟某在建工地旁两侧各有一栋相邻建筑，避雷针高度为45m，施工现场在建4层办公楼。所使用塔吊最高点为18m，是施工现场最高点。现求塔吊最高点的水平保护半径和在地面上的水平保护半径。

$$r_x=\sqrt{h(2h_r-h)}-\sqrt{h_x(2h_r-h_x)}$$

$$=\sqrt{45\times(2\times60-45)}-\sqrt{18\times(2\times60-18)}=58.1-42.8=15.3(\text{m})$$

塔吊最高点的水平保护半径为15.3m。

$$r_0=\sqrt{h(2h_r-h)}=\sqrt{45\times(2\times60-45)}=58.1(\text{m})$$

在地面上的水平保护半径为58.1m。

【案例13-2】内蒙古兴安盟某在建工地旁两侧各有一栋相邻建筑，避雷针高度为65m，施工现场在建6层办公楼。所使用塔吊最高点为24m，是施工现场最高点。现求塔吊最高点的水平保护半径和在地面上的水平保护半径。

（1）当避雷针高度（$h$）大于滚球半径（$h_r$）时（图13-2），避雷针在被保护物高度平面上的保护半径和在地面上的保护半径可按下式确定：

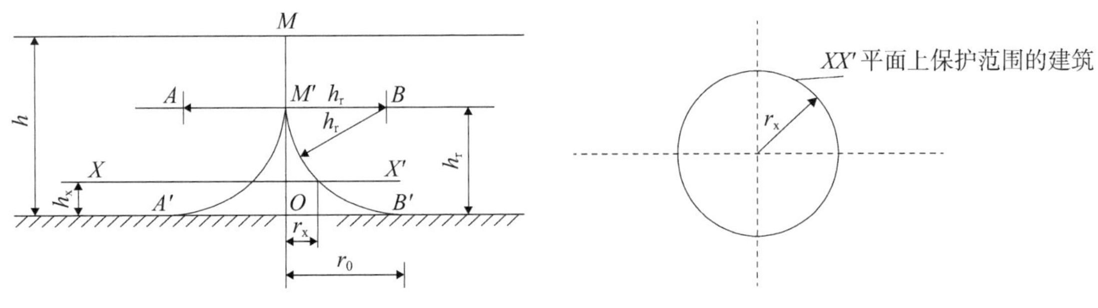


图 13-2　单支避雷针的保护范围（$h \leqslant h_r$）

$$r_x = h_r - \sqrt{h_x(2h_r - h_x)} = 60 - \sqrt{45 \times (2 \times 60 - 24)} = 12(\text{m})$$

塔吊最高点的水平保护半径为12m。

$r_0$=$h_r$=60m，在地面上的水平保护半径为60m。

（2）按照滚球法，单根避雷线（接闪器）的保护范围应按下列方法确定：当避雷线的高度大于或等于2倍滚球半径时，无保护范围；当避雷线的高度小于2倍滚球半径时（图13-3），滚球半径的2个圆弧线（柱面）与地面之间的空间即是保护范围。

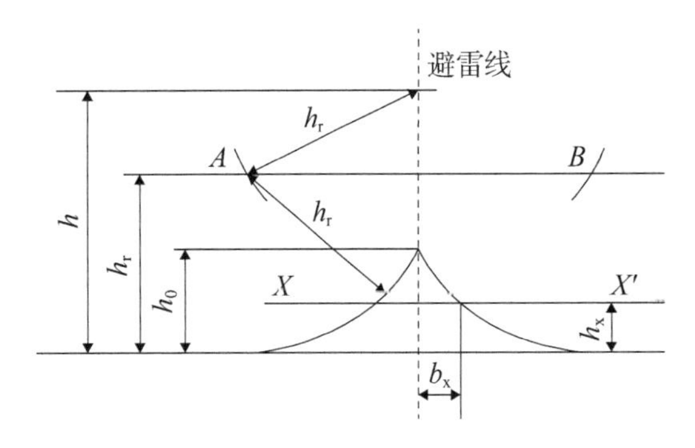


图 13-3　单根架空避雷线的保护范围

当 $h_r < h < 2h_r$ 时，保护范围最高点的高度 $h_0$ 可按下式计算：

$h_0=2h_r-h$

【案例 13-3】内蒙古兴安盟某在建工地旁有一栋相邻建筑，有一根避雷针线高度为 90m，所使用塔吊最高点是被保护的最高点。现求塔吊最高点的高度。

$h_0=2h_r-h=2\times60-90=30$（m）

塔吊最高点的高度为 30m。

当 $h \leqslant h_r$ 时，保护范围最高点的高度即为 $h$。

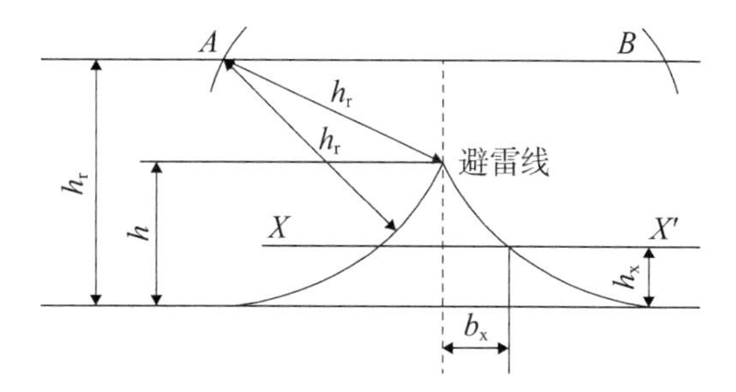


图 13-4 单根架空避雷线的保护范围

【案例 13-4】内蒙古兴安盟某在建工地旁有一栋相邻建筑，避雷针高度为 60m，所使用塔吊最高点是被保护的最高点。现求塔吊最高点的高度。

$h_0=h$

$h_0=60$（m），则塔吊最高点的高度为 60m。

# 附录　全国主要城市年均雷暴日数

| 序号 | 地名 | 主要雷暴日数范围 /（d/a） | 局部最高次数 /（d/a） | 序号 | 地名 | 主要雷暴日数范围 /（d/a） | 局部最高次数 /（d/a） |
|---|---|---|---|---|---|---|---|
| 一 | 北京市 | | | 18 | 阳泉市 | 32 ～ 42 | 53 |
| 1 | 南部地区 | 18 ～ 21 | 36 | 19 | 长治市 | 25 ～ 42 | 53 |
| 2 | 北部地区 | 24 ～ 26 | 36 | 20 | 临汾市 | 25 ～ 42 | 53 |
| 二 | 天津市 | | | 21 | 朔州市 | 37 ～ 53 | 53 |
| 3 | 南部地区 | 15 ～ 20 | 20 | 22 | 忻州市 | 37 ～ 53 | 53 |
| 4 | 北部地区 | 20 ～ 28 | 28 | 23 | 吕梁市 | 32 ～ 42 | 53 |
| 三 | 河北省 | | | 24 | 晋中市 | 37 ～ 53 | 53 |
| 5 | 石家庄市 | 19 ～ 26 | 43 | 25 | 运城市 | 13 ～ 27 | 37 |
| 6 | 唐山市 | 22 ～ 31 | 43 | 26 | 晋城市 | 13 ～ 32 | 42 |
| 7 | 邢台市 | 8 ～ 22 | 43 | 五 | 内蒙古自治区 | | |
| 8 | 保定市 | 8 ～ 22 | 43 | 27 | 呼和浩特市 | 28 ～ 50 | 50 |
| 9 | 张家口市 | 22 ～ 31 | 43 | 28 | 包头市 | 6 ～ 28 | 50 |
| 10 | 承德市 | 22 ～ 31 | 43 | 29 | 乌海市 | 6 ～ 13 | 13 |
| 11 | 秦皇岛市 | 22 ～ 31 | 31 | 30 | 赤峰市 | 13 ～ 28 | 50 |
| 12 | 沧州市 | 8 ～ 22 | 26 | 31 | 锡林郭勒盟 | 6 ～ 19 | 28 |
| 13 | 廊坊市 | 8 ～ 22 | 26 | 32 | 呼伦贝尔市 | 6 ～ 28 | 50 |
| 14 | 衡水市 | 8 ～ 22 | 31 | 33 | 通辽市 | 13 ～ 28 | 50 |
| 15 | 邯郸市 | 8 ～ 22 | 43 | 34 | 鄂尔多斯市 | 13 ～ 50 | 50 |
| 四 | 山西省 | | | 35 | 巴彦淖尔市 | 1 ～ 13 | 28 |
| 16 | 太原市 | 37 ～ 42 | 53 | 36 | 乌兰察布市 | 13 ～ 50 | 50 |
| 17 | 大同市 | 25 ～ 42 | 53 | 37 | 兴安盟 | 13 ～ 28 | 50 |

续表

| 序号 | 地名 | 主要雷暴日数范围 /（d/a） | 局部最高次数 /（d/a） | 序号 | 地名 | 主要雷暴日数范围 /（d/a） | 局部最高次数 /（d/a） |
|---|---|---|---|---|---|---|---|
| 38 | 阿拉善盟 | 1 ～ 13 | 13 | 57 | 延边朝鲜族自治州 | 18 ～ 27 | 42 |
| 六 | 辽宁省 | | | 58 | 白城市 | 18 ～ 31 | 42 |
| 39 | 沈阳市 | 19 ～ 26 | 34 | 59 | 白山市 | 18 ～ 31 | 42 |
| 40 | 大连市 | 1 ～ 19 | 23 | 60 | 松原市 | 1 ～ 23 | 31 |
| 41 | 鞍山市 | 15 ～ 23 | 34 | 61 | 辽源市 | 23 ～ 31 | 31 |
| 42 | 本溪市 | 19 ～ 34 | 34 | 八 | 黑龙江省 | | |
| 43 | 丹东市 | 15 ～ 23 | 26 | 62 | 哈尔滨市 | 24 ～ 40 | 40 |
| 44 | 锦州市 | 19 ～ 23 | 34 | 63 | 齐齐哈尔市 | 15 ～ 28 | 40 |
| 45 | 营口市 | 15 ～ 23 | 26 | 64 | 双鸭山市 | 15 ～ 24 | 28 |
| 46 | 阜新市 | 19 ～ 26 | 34 | 65 | 大庆市 | 15 ～ 24 | 40 |
| 47 | 朝阳市 | 15 ～ 23 | 34 | 66 | 牡丹江市 | 20 ～ 28 | 40 |
| 48 | 葫芦岛市 | 15 ～ 23 | 34 | 67 | 佳木斯市 | 15 ～ 28 | 40 |
| 49 | 盘锦市 | 19 ～ 23 | 34 | 68 | 伊春市 | 24 ～ 40 | 40 |
| 50 | 铁岭市 | 19 ～ 26 | 34 | 69 | 黑河市 | 15 ～ 28 | 40 |
| 51 | 抚顺市 | 26 ～ 34 | 34 | 70 | 绥化市 | 20 ～ 40 | 40 |
| 52 | 辽阳市 | 19 ～ 26 | 34 | 71 | 鸡西市 | 15 ～ 28 | 40 |
| 七 | 吉林省 | | | 72 | 七台河市 | 24 ～ 40 | 40 |
| 53 | 长春市 | 23 ～ 31 | 42 | 73 | 鹤岗市 | 15 ～ 28 | 40 |
| 54 | 吉林市 | 27 ～ 42 | 42 | 九 | 上海市 | | |
| 55 | 四平市 | 18 ～ 31 | 42 | 74 | 西部地区 | 29 ～ 38 | 40 |
| 56 | 通化市 | 23 ～ 42 | 42 | 75 | 东部地区 | 15 ～ 29 | 40 |

续表

| 序号 | 地名 | 主要雷暴日数范围 /（d/a） | 局部最高次数 /（d/a） | 序号 | 地名 | 主要雷暴日数范围 /（d/a） | 局部最高次数 /（d/a） |
|---|---|---|---|---|---|---|---|
| 十 | 江苏省 | | | 95 | 绍兴市 | 33 ～ 41 | 60 |
| 76 | 南京市 | 25 ～ 40 | 40 | 96 | 舟山市 | 1 ～ 22 | 33 |
| 77 | 连云港市 | 16 ～ 25 | 29 | 97 | 金华市 | 41 ～ 60 | 60 |
| 78 | 徐州市 | 16 ～ 25 | 40 | 98 | 台州市 | 33 ～ 48 | 60 |
| 79 | 常州市 | 25 ～ 40 | 40 | 99 | 丽水市 | 41 ～ 60 | 60 |
| 80 | 南通市 | 20 ～ 29 | 40 | 十二 | 安徽省 | | |
| 81 | 淮阴市 | 16 ～ 25 | 29 | 100 | 合肥市 | 19 ～ 23 | 33 |
| 82 | 扬州市 | 16 ～ 25 | 29 | 101 | 芜湖市 | 26 ～ 41 | 58 |
| 83 | 盐城市 | 1 ～ 20 | 25 | 102 | 蚌埠市 | 7 ～ 26 | 33 |
| 84 | 苏州市 | 29 ～ 40 | 40 | 103 | 安庆市 | 26 ～ 41 | 41 |
| 85 | 泰州市 | 16 ～ 29 | 40 | 104 | 铜陵市 | 19 ～ 33 | 33 |
| 86 | 宿迁市 | 16 ～ 25 | 40 | 105 | 黄山市 | 33 ～ 58 | 58 |
| 87 | 无锡市 | 29 ～ 40 | 40 | 106 | 阜阳市 | 7 ～ 26 | 26 |
| 88 | 镇江市 | 25 ～ 40 | 40 | 107 | 淮北市 | 7 ～ 26 | 26 |
| 十一 | 浙江省 | | | 108 | 宿州市 | 7 ～ 26 | 26 |
| 89 | 杭州市 | 33 ～ 48 | 60 | 109 | 亳州市 | 7 ～ 26 | 26 |
| 90 | 宁波市 | 22 ～ 41 | 41 | 110 | 淮南市 | 7 ～ 26 | 26 |
| 91 | 温州市 | 33 ～ 60 | 60 | 111 | 滁州市 | 19 ～ 26 | 33 |
| 92 | 衢州市 | 41 ～ 60 | 60 | 112 | 六安市 | 19 ～ 41 | 58 |
| 93 | 湖州市 | 33 ～ 48 | 48 | 113 | 马鞍山市 | 19 ～ 33 | 33 |
| 94 | 嘉兴市 | 22 ～ 41 | 48 | 114 | 宣城市 | 41 ～ 58 | 58 |

续表

| 序号 | 地名 | 主要雷暴日数范围 /（d/a） | 局部最高次数 /（d/a） | 序号 | 地名 | 主要雷暴日数范围 /（d/a） | 局部最高次数 /（d/a） |
|---|---|---|---|---|---|---|---|
| 115 | 池州市 | 33 ～ 58 | 58 | 134 | 萍乡市 | 44 ～ 54 | 59 |
| 十三 | 福建省 | | | 135 | 吉安市 | 30 ～ 49 | 79 |
| 116 | 福州市 | 29 ～ 62 | 94 | 十五 | 山东省 | | |
| 117 | 厦门市 | 29 ～ 44 | 53 | 136 | 济南市 | 20 ～ 30 | 30 |
| 118 | 莆田市 | 29 ～ 62 | 94 | 137 | 青岛市 | 11 ～ 32 | 30 |
| 119 | 三明市 | 53 ～ 94 | 94 | 138 | 淄博市 | 20 ～ 30 | 30 |
| 120 | 龙岩市 | 44 ～ 62 | 94 | 139 | 枣庄市 | 23 ～ 30 | 30 |
| 121 | 宁德市 | 44 ～ 62 | 62 | 140 | 东营市 | 16 ～ 23 | 30 |
| 122 | 南平市 | 44 ～ 62 | 94 | 141 | 潍坊市 | 16 ～ 23 | 30 |
| 123 | 泉州市 | 53 ～ 94 | 94 | 142 | 烟台市 | 11 ～ 23 | 30 |
| 124 | 漳州市 | 44 ～ 62 | 94 | 143 | 济宁市 | 16 ～ 30 | 30 |
| 十四 | 江西省 | | | 144 | 日照市 | 16 ～ 23 | 23 |
| 125 | 南昌市 | 44 ～ 54 | 59 | 145 | 德州市 | 20 ～ 30 | 30 |
| 126 | 景德镇市 | 49 ～ 54 | 54 | 146 | 滨州市 | 16 ～ 23 | 30 |
| 127 | 九江市 | 30 ～ 49 | 79 | 147 | 威海市 | 1 ～ 16 | 20 |
| 128 | 新余市 | 49 ～ 54 | 79 | 148 | 泰安市 | 20 ～ 30 | 30 |
| 129 | 鹰潭市 | 49 ～ 59 | 79 | 149 | 菏泽市 | 11 ～ 20 | 20 |
| 130 | 赣州市 | 49 ～ 79 | 79 | 150 | 临沂市 | 16 ～ 30 | 30 |
| 131 | 抚州市 | 44 ～ 54 | 79 | 151 | 聊城市 | 11 ～ 23 | 30 |
| 132 | 上饶市 | 49 ～ 79 | 79 | 十六 | 河南省 | | |
| 133 | 宜春市 | 49 ～ 59 | 79 | 152 | 南阳市 | 8 ～ 24 | 36 |

续表

| 序号 | 地名 | 主要雷暴日数范围 /（d/a） | 局部最高次数 /（d/a） |
| --- | --- | --- | --- |
| 153 | 商丘市 | 8 ～ 17 | 24 |
| 154 | 三门峡市 | 17 ～ 24 | 36 |
| 155 | 鹤壁市 | 17 ～ 20 | 24 |
| 156 | 新乡市 | 8 ～ 17 | 36 |
| 157 | 许昌市 | 8 ～ 17 | 20 |
| 158 | 漯河市 | 14 ～ 20 | 20 |
| 159 | 驻马店市 | 14 ～ 20 | 36 |
| 十七 | 湖北省 | | |
| 160 | 武汉市 | 25 ～ 39 | 39 |
| 161 | 黄石市 | 39 ～ 58 | 58 |
| 162 | 十堰市 | 19 ～ 31 | 39 |
| 163 | 荆州市 | 19 ～ 25 | 39 |
| 164 | 宜昌市 | 19 ～ 31 | 39 |
| 165 | 襄阳市 | 9 ～ 25 | 31 |
| 166 | 恩施土家族苗族自治州 | 25 ～ 39 | 58 |
| 167 | 荆门市 | 9 ～ 25 | 31 |
| 168 | 孝感市 | 19 ～ 31 | 39 |
| 169 | 益阳市 | 30 ～ 51 | 51 |
| 170 | 永州市 | 37 ～ 70 | 70 |
| 171 | 怀化市 | 30 ～ 51 | 70 |
| 172 | 郴州市 | 37 ～ 51 | 70 |
| 173 | 常德市 | 19 ～ 37 | 43 |
| 174 | 娄底市 | 37 ～ 51 | 70 |
| 175 | 湘潭市 | 30 ～ 37 | 37 |
| 176 | 湘西土家族苗族自治州 | 30 ～ 43 | 51 |
| 十九 | 广东省 | | |
| 177 | 广州市 | 66 ～ 95 | 95 |
| 178 | 汕头市 | 9 ～ 57 | 66 |
| 179 | 湛江市 | 57 ～ 95 | 95 |
| 180 | 茂名市 | 77 ～ 95 | 95 |
| 181 | 深圳市 | 46 ～ 66 | 66 |
| 182 | 珠海市 | 9 ～ 46 | 46 |
| 183 | 韶关市 | 46 ～ 77 | 95 |
| 184 | 梅州市 | 46 ～ 66 | 77 |
| 185 | 清远市 | 57 ～ 77 | 95 |
| 186 | 河源市 | 57 ～ 77 | 95 |
| 187 | 汕尾市 | 9 ～ 57 | 66 |
| 188 | 惠州市 | 46 ～ 77 | 95 |
| 189 | 东莞市 | 46 ～ 77 | 77 |
| 190 | 肇庆市 | 66 ～ 95 | 95 |

续表

| 序号 | 地名 | 主要雷暴日数范围 /（d/a） | 局部最高次数 /（d/a） | 序号 | 地名 | 主要雷暴日数范围 /（d/a） | 局部最高次数 /（d/a） |
|---|---|---|---|---|---|---|---|
| 191 | 佛山市 | 66 ～ 95 | 95 | 209 | 贺州市 | 52 ～ 73 | 87 |
| 192 | 江门市 | 57 ～ 77 | 95 | 210 | 钦州市 | 73 ～ 100 | 109 |
| 193 | 阳江市 | 66 ～ 95 | 95 | 211 | 防城港市 | 87 ～ 109 | 109 |
| 194 | 中山市 | 46 ～ 66 | 66 | 二十一 | 重庆市 | | |
| 195 | 云浮市 | 77 ～ 95 | 95 | 212 | 北部地区 | 19 ～ 33 | 46 |
| 196 | 潮州市 | 46 ～ 57 | 66 | 213 | 南部地区 | 26 ～ 46 | 46 |
| 197 | 揭阳市 | 9 ～ 66 | 77 | 二十二 | 四川省 | | |
| 二十 | 广西壮族自治区 | | | 214 | 成都市 | 24 ～ 32 | 42 |
| 198 | 南宁市 | 52 ～ 87 | 109 | 215 | 自贡市 | 24 ～ 32 | 42 |
| 199 | 柳州市 | 52 ～ 73 | 87 | 216 | 攀枝花市 | 42 ～ 76 | 76 |
| 200 | 桂林市 | 52 ～ 73 | 73 | 217 | 泸州市 | 32 ～ 42 | 42 |
| 201 | 梧州市 | 61 ～ 87 | 109 | 218 | 乐山市 | 32 ～ 52 | 52 |
| 202 | 北海市 | 61 ～ 87 | 87 | 219 | 绵阳市 | 7 ～ 24 | 32 |
| 203 | 百色市 | 52 ～ 73 | 73 | 220 | 达州市 | 7 ～ 32 | 32 |
| 204 | 崇左市 | 52 ～ 73 | 87 | 221 | 凉山彝族自治州 | 42 ～ 76 | 76 |
| 205 | 河池市 | 15 ～ 61 | 73 | 222 | 甘孜藏族自治州 | 24 ～ 52 | 76 |
| 206 | 来宾市 | 61 ～ 73 | 87 | 223 | 阿坝藏族自治州 | 24 ～ 52 | 76 |
| 207 | 贵港市 | 61 ～ 87 | 87 | 224 | 广元市 | 7 ～ 32 | 32 |
| 208 | 玉林市 | 73 ～ 87 | 109 | 225 | 巴中市 | 7 ～ 24 | 32 |

续表

| 序号 | 地名 | 主要雷暴日数范围 / (d/a) | 局部最高次数 / (d/a) | 序号 | 地名 | 主要雷暴日数范围 / (d/a) | 局部最高次数 / (d/a) |
|---|---|---|---|---|---|---|---|
| 226 | 南充市 | 7 ~ 24 | 32 | 239 | 毕节市 | 38 ~ 54 | 66 |
| 227 | 德阳市 | 7 ~ 24 | 32 | 240 | 铜仁市 | 25 ~ 48 | 54 |
| 228 | 遂宁市 | 7 ~ 24 | 32 | 241 | 黔西南布依族苗族自治州 | 54 ~ 66 | 66 |
| 229 | 广安市 | 24 ~ 32 | 42 | 242 | 黔南布依族苗族自治州 | 38 ~ 54 | 66 |
| 230 | 雅安市 | 24 ~ 42 | 42 | 243 | 黔东南苗族侗族自治州 | 25 ~ 43 | 66 |
| 231 | 眉山市 | 24 ~ 42 | 42 | 二十四 | 云南省 | | |
| 232 | 内江市 | 24 ~ 32 | 32 | 244 | 昆明市 | 48 ~ 86 | 86 |
| 233 | 资阳市 | 24 ~ 32 | 42 | 245 | 红河哈尼族彝族自治州 | 48 ~ 86 | 86 |
| 234 | 宜宾市 | 32 ~ 52 | 76 | 246 | 大理白族自治州 | 21 ~ 48 | 56 |
| 二十三 | 贵州省 | | | 247 | 西双版纳傣族自治州 | 48 ~ 86 | 86 |
| 235 | 贵阳市 | 38 ~ 48 | 54 | 248 | 昭通市 | 48 ~ 86 | 86 |
| 236 | 六盘水市 | 48 ~ 66 | 66 | 249 | 丽江市 | 23 ~ 58 | 86 |
| 237 | 遵义市 | 25 ~ 43 | 54 | 250 | 迪庆藏族自治州 | 3 ~ 37 | 37 |
| 238 | 安顺市 | 43 ~ 54 | 66 | 251 | 怒江傈僳族自治州 | 3 ~ 37 | 58 |

续表

| 序号 | 地名 | 主要雷暴日数范围 / ( d/a ) | 局部最高次数 / ( d/a ) | 序号 | 地名 | 主要雷暴日数范围 / ( d/a ) | 局部最高次数 / ( d/a ) |
|---|---|---|---|---|---|---|---|
| 252 | 保山市 | 23 ～ 48 | 58 | 268 | 宝鸡市 | 4 ～ 18 | 23 |
| 253 | 德宏傣族景颇族自治州 | 37 ～ 58 | 86 | 269 | 铜川市 | 4 ～ 18 | 23 |
| 254 | 临沧市 | 23 ～ 48 | 58 | 270 | 渭南市 | 4 ～ 18 | 29 |
| 255 | 普洱市 | 37 ～ 86 | 86 | 271 | 汉中市 | 13 ～ 23 | 29 |
| 256 | 楚雄彝族自治州 | 37 ～ 58 | 86 | 272 | 榆林市 | 18 ～ 42 | 42 |
| 257 | 玉溪市 | 48 ～ 58 | 86 | 273 | 安康市 | 13 ～ 23 | 29 |
| 258 | 曲靖市 | 48 ～ 86 | 86 | 274 | 延安市 | 18 ～ 29 | 42 |
| 259 | 文山壮族苗族自治州 | 37 ～ 86 | 86 | 275 | 宝鸡市 | 4 ～ 18 | 23 |
| 二十五 | 西藏自治区 | | | 276 | 商洛市 | 13 ～ 29 | 29 |
| 260 | 拉萨市 | 29 ～ 83 | 83 | 二十七 | 甘肃省 | | |
| 261 | 日喀则市 | 1 ～ 29 | 42 | 277 | 兰州市 | 10 ～ 22 | 42 |
| 262 | 昌都市 | 6 ～ 42 | 83 | 278 | 金昌市 | 5 ～ 10 | 15 |
| 263 | 林芝市 | 1 ～ 17 | 42 | 279 | 白银市 | 5 ～ 15 | 15 |
| 264 | 那曲市 | 1 ～ 42 | 83 | 280 | 天水市 | 5 ～ 15 | 22 |
| 265 | 山南市 | 6 ～ 42 | 83 | 281 | 酒泉市 | 1 ～ 5 | 10 |
| 266 | 阿里地区 | 1 ～ 6 | 6 | 282 | 嘉峪关市 | 5 ～ 10 | 10 |
| 二十六 | 陕西省 | | | 283 | 张掖市 | 1 ～ 10 | 42 |
| 267 | 西安市 | 4 ～ 18 | 29 | 284 | 武威市 | 1 ～ 10 | 42 |

续表

| 序号 | 地名 | 主要雷暴日数范围 / ( d/a ) | 局部最高次数 / ( d/a ) | 序号 | 地名 | 主要雷暴日数范围 / ( d/a ) | 局部最高次数 / ( d/a ) |
|---|---|---|---|---|---|---|---|
| 285 | 定西市 | 5 ~ 10 | 22 | 298 | 黄南藏族自治州 | 15 ~ 32 | 32 |
| 286 | 平凉市 | 10 ~ 15 | 22 | 二十九 | 宁夏回族自治区 | | |
| 287 | 庆阳市 | 5 ~ 22 | 22 | 299 | 银川市 | 2 ~ 10 | 14 |
| 288 | 陇南市 | 5 ~ 15 | 42 | 300 | 石嘴山市 | 10 ~ 14 | 20 |
| 289 | 临夏回族自治州 | 5 ~ 15 | 22 | 301 | 固原市 | 6 ~ 12 | 14 |
| 290 | 甘南藏族自治州 | 10 ~ 42 | 42 | 302 | 吴忠市 | 6 ~ 14 | 20 |
| 二十八 | 青海省 | | | 303 | 中卫市 | 6 ~ 10 | 14 |
| 291 | 西宁市 | 15 ~ 32 | 62 | 三十 | 新疆维吾尔自治区 | | |
| 292 | 海西蒙古族藏族自治州 | 1 ~ 15 | 23 | 304 | 乌鲁木齐市 | 1 ~ 6 | 33 |
| 293 | 海东市 | 15 ~ 32 | 62 | 305 | 克拉玛依市 | 3 ~ 10 | 15 |
| 294 | 海北藏族自治州 | 15 ~ 32 | 62 | 306 | 伊犁哈萨克自治州 | 3 ~ 15 | 33 |
| 295 | 海南藏族自治州 | 7 ~ 32 | 62 | 307 | 哈密市 | 1 ~ 10 | 15 |
| 296 | 玉树藏族自治州 | 7 ~ 32 | 62 | 308 | 巴音郭楞蒙古自治州 | 1 ~ 3 | 33 |
| 297 | 果洛藏族自治州 | 7 ~ 32 | 62 | 309 | 喀什地区 | 1 ~ 10 | 33 |

续表

| 序号 | 地名 | 主要雷暴日数范围 / ( d/a ) | 局部最高次数 / ( d/a ) | 序号 | 地名 | 主要雷暴日数范围 / ( d/a ) | 局部最高次数 / ( d/a ) |
|---|---|---|---|---|---|---|---|
| 310 | 吐鲁番市 | 1 ～ 10 | 15 | 318 | 三亚市 | 66 ～ 74 | 88 |
| 311 | 和田地区 | 1 ～ 3 | 6 | 319 | 儋州市 | 74 ～ 113 | 113 |
| 312 | 阿克苏地区 | 1 ～ 33 | 33 | 三十二 | 香港特别行政区 | | |
| 313 | 阿勒泰地区 | 1 ～ 15 | 33 | 320 | 香港 | 46 ～ 57 | 57 |
| 314 | 昌吉回族自治州 | 1 ～ 6 | 15 | 三十三 | 澳门特别行政区 | | |
| 315 | 博尔塔拉蒙古自治州 | 3 ～ 15 | 33 | 321 | 澳门 | 9 ～ 46 | 46 |
| 316 | 克孜勒苏柯尔克孜自治州 | 1 ～ 10 | 15 | 三十四 | 台湾省 | | |
| 三十一 | 海南省 | | | 322 | 台北市 | | 28 |
| 317 | 海口市 | 42 ～ 74 | 88 | | | | |